The Secret to Linear Algebra

線形代数のコツ

$$\det \begin{bmatrix} a & b \\ c & d \end{bmatrix} = ad - bc$$

梶原 健 著

共立出版

はじめに

本書は初めて線形代数を学ぶ人のために，線形代数のエッセンスを紹介する本です．高校生や大学生，社会人など，

「線形代数って何だろう？」と関心のある方，
「線形代数って難しいなあ？」と悩んでいる方

も対象にしています．

線形代数は簡単に言えば，現代的な連立１次方程式の理論です．おなじみのつるかめ算で代表される連立１次方程式を一般化して見通しを良くし，さまざまな分野で応用されているのが線形代数の理論です．

この一般化のおかげで，線形代数は大変役に立っています．例えば，インターネットなどの通信では，通信中の誤りを自動的に訂正できる符号理論が使われ，この理論は線形代数が基礎になっています．

またＣＴスキャンなどの医療技術でも，Ｘ線の透過データから実際の断面を推測復元する原理に線形代数が使われています．

ほかにも，自然現象や社会現象をいくつかの仮説をもとに数学的に解析する際に，１つの有効な手段が線形代数的な手法です．有名なものに，インフルエンザなどの病気の感染伝搬の研究や，レオンチェフという経済学者が提唱した，産業連関分析があります．多変量解析や主成分分析などの統計処理も線形代数を利用した方法です．

本書の目標は「線形代数を知ろう！」です．本書で現代数学の高度な理論を学びましょう．「単純な」連立１次方程式から始めて，徐々に高度な話へ進みます．「高度」な内容をできるだけ噛み砕いて，線形代数のコツを紹介します．

線形代数は数学ですから，本文中に式が登場します．式の計算はいわば実験（あるいは検証）ですから，理論を「体験する」には必要です．読者のみなさんに体験していただけるように，式変形もできるだけ丁寧に紹介しました．もし難しい場合でも，気楽に眺めていただいて，式の前後の文脈（計算の目的と結論）を理解していただければ十分です．

それでは，線形代数ワールドを知る旅へ出発しましょう．

目 次

第1章 ベクトルと1次方程式は仲良し

線形代数とは？

線形代数とは，簡単に言えば，連立1次方程式の勉強です．「連立1次方程式」といっても，いわゆる現代数学風に高度に整理されていて，一見すると，連立方程式の姿さえ見失ってしまうくらいです．

この現象は現代数学の特徴です．ですから，初めて線形代数を勉強するとき，多くの人が難しいと感じる理由は「現代数学が難しい」ことにあるように思います．「現代数学」は高校までに勉強する数学（いわゆる18世紀までの数学）と違って，（19世紀以降）直観を越えて発展した数学です．当然難しいわけですね．

それでは，本書で線形代数をどのように紹介していくか，簡単に流れを説明します．

1.1 連立方程式

まず，連立1次方程式の解法を紹介します．

どうやって連立1次方程式を解くか？

これが本書のテーマです．解法といっても，みなさんのご存知のとおり，未知数をひとつずつ消去しながら，地道に解く方法です．答えを知りたい人なら，これで十分納得できるかもしれません．

本書は（「線形代数」では）もう一歩踏みこんで，「地道に解く」プロセスを「行列の変形」として整理します．行列とは，数を長方形の形に四角く並べたものです．連立方程式の係数を並べて作ります．

$$\underset{\text{連立方程式}}{\begin{cases} 2x - y = 1 \\ 3x + y = 4 \end{cases}} \xrightarrow{\text{係数と定数項を並べて}} \underset{\text{行列}}{\begin{bmatrix} 2 & -1 & 1 \\ 3 & 1 & 4 \end{bmatrix}}$$

連立方程式を行列として理解することは，線形代数を学ぶ上で本質的です．単純に言えば，線形代数ではすべて行列によって統一的に扱います．この統一性が，連立方程式に広範な応用力を与えています．

1.2　ベクトルの幾何

続いてベクトルを紹介します．ベクトルというのは「向きと大きさをもつ量」のことで，例えば矢印はベクトルです（図1.1）．

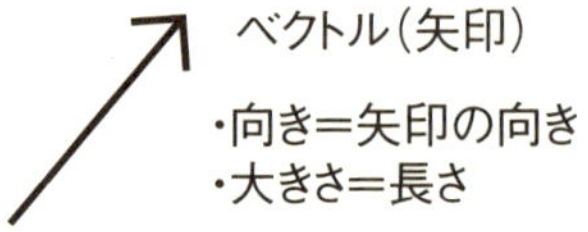

図 1.1　向きと大きさをもつ矢印

本書を読みすすめていくと，「向きと大きさ」という説明は実は十分でありません．ベクトルの概念を抽象化して，矢印以外のベクトルも考えます．

ところで，矢印で表されるベクトルは平面や空間の図形を調べるのに役に立ちます．図形に関することを「幾何（きか）」といい，図形を研究する数学を幾何学といいます．ベクトルの話は幾何の話になります．これに対して，数の計算や式の計算に関する数学を代数学といいます．

この2つの学問を結びつけた人がデカルト（ルネ・デカルト，1596–1650）です．デカルトは空間に座標を導入して座標幾何を始めました．

平面や空間に座標を導入すると，すべてが数の組で表現されます．数の組の計算は連立方程式でも登場していますが，数の組をベクトルとみることで，幾何の直観を利用できます．幾何の直観は大変，強力です．答えを一瞬のうちに想像できてしまいます．

例えば，連立方程式

$$\begin{cases} 2x + y = 3 \\ \ \ x - y = 1 \end{cases}$$

が解を持つかどうかは，それぞれの式が xy 平面の直線の方程式だと思うと，直ちにわかります．この 2 直線は平行でないことが x, y の係数からわかるので，この式で表される 2 直線は交わります（図 1.2）．

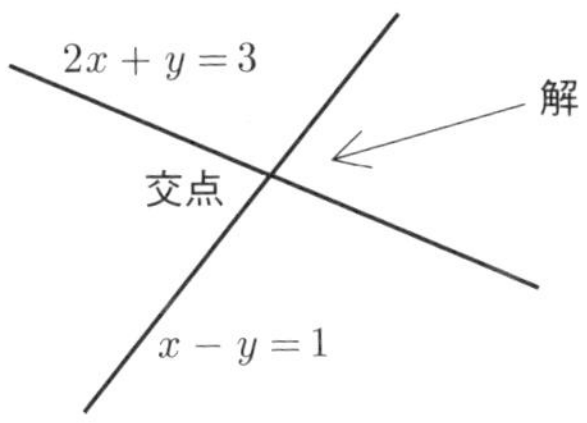

図 1.2　2 直線の交点が解！

つまり，この方程式には解がただ 1 つあります．解を具体的に求めなくても，ただ 1 つだけ存在することがわかります．

「解を具体的に知らなくても，解の存在がわかる！」

常識とはちょっと違う，このギャップが幾何の直観の威力です．数学の威力であり，魅力です．

このように，さまざまなアプローチが私達の理解できる範囲を無限に広げてくれるように思います．「答えが出ればいい」というのも 1 つの考え方ですが，さまざまなアプローチを大切にする余裕を持ちたいものです．

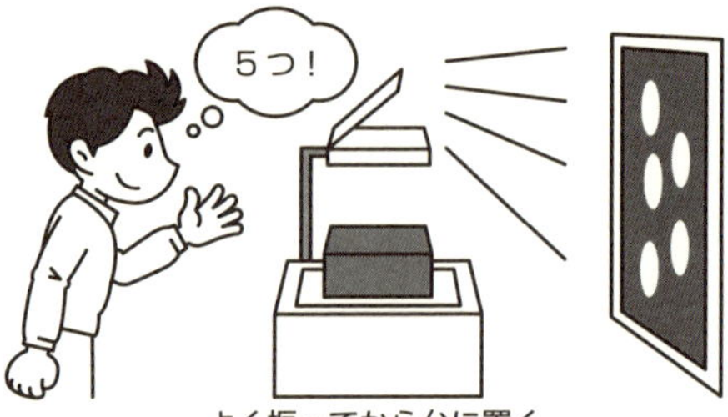

図 1.3　箱の中にはいくつ玉があるか，箱を開けずに答えてください．

1.3 応用

第9章，第11章で，線形代数の応用例を紹介します．漸化式や2次曲線を説明します．大学入試でおなじみの話題です．難しい入試問題でも問題文を読んだだけで，答えが想像できるようになるかもしれません．といっても入試問題ですから，正解を出すには，やはり具体的に計算しないといけないかもしれませんが……．出題する方も，計算せずに答えが出せる問題にならないように，きっと注意しているでしょうから．

1.4 抽象化

最後に，線形代数の完成版を紹介します．これまでの内容を，和とスカラー倍の働きに注目して抽象化します．現代数学の雛形とも言えます．抽象化は慣れないとなかなか難しいかと思います．本書の最後に，高度になった数学を鑑賞しながら，ぜひチャレンジしてください．

最後に本書の流れを図1.4にまとめました．参考にしてください．

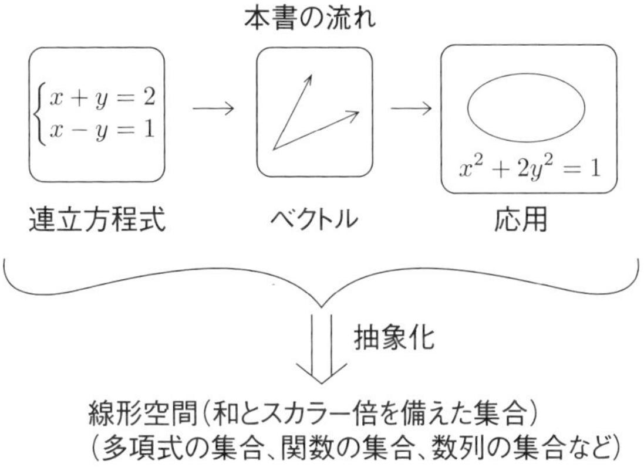

図 1.4　本書の流れ

勉強のあいまに — どうして線形代数を学ぶのか？

線形代数は，簡単に言ってしまえば，連立 1 次方程式の理論です．数学の方程式の中で，最も単純で完全に解ける方程式がおそらく，連立 1 次方程式でしょう．ですから，問題を解決しようと思ったら，

「まず連立 1 次方程式をたてる」

というのが解決への第一歩です．さらに，この完全に解ける連立方程式から原理を抽出して，広く応用できるようにパワーアップした理論が線形代数です．

線形代数は，このように基本的であり，応用も多いです．これが線形代数を学ぶ動機の 1 つではないでしょうか．しかし，そうはいっても，やはり学問の基本は興味をもつこと，面白いと思うことでしょうから，もっと単純に，線形代数という数学の面白さを追求して学んでいただけたら幸いです．

第2章 コツコツ解こう 方程式

掃き出し法

線形代数を少しずつ紹介しましょう．まず，連立方程式をコツコツ解きながら，基礎を整理します．

2.1 行列

連立方程式から，係数を並べて考えると効率良く解けます．

$$\begin{cases} ax + by = p \\ cx + dy = q \end{cases} \xrightarrow{\text{係数と定数項を並べて}} \begin{bmatrix} a & b & p \\ c & d & q \end{bmatrix}$$

連立方程式　　　　　　　　　　　　　　行列

このように数を四角く並べたものを行列といいます．

右の行列は，変数 x, y と $=$ を省略して方程式を整理しただけです．とても単純ですが，この形で議論することが線形代数では重要です．というのも，線形代数の本質は「行列の話」で説明できるからです．

それでは，この行列を使って実際に方程式を解く方法を説明しましょう．連立方程式からこのように作った行列を拡大係数行列といいます．定数項のない行列 $\begin{bmatrix} a & b \\ c & d \end{bmatrix}$ は係数行列といいます．

行列の基本的な用語や表記

行列に関する基本的な名称や表記の慣習を説明します．

① 縦に m 個，横に n 個，数を長方形に並べた行列を $m \times n$ 行列といいます．例えば次のとおりです：

$$\begin{bmatrix} a & b & c \\ d & e & f \end{bmatrix} \quad \begin{bmatrix} p & q \end{bmatrix} \quad \begin{bmatrix} x \\ y \end{bmatrix}$$

2×3 行列　1×2 行列　2×1 行列

② 行列において，数の横の並びを行，数の縦の並びを列といいます．上から数えて i 番目の行を，第 i 行あるいは単に i 行といいます．左から数えて j 番目の列を，第 j 列あるいは単に j 列といいます．

— 上の例では，d, e, f の並びは第 2 行，c, f の並びは第 3 列です．

③ 行列を構成する数を成分といいます．第 i 行かつ第 j 列に含まれる成分を (i, j) 成分といいます．

— 上の例では，e は $(2, 2)$ 成分，q は $(1, 2)$ 成分，y は $(2, 1)$ 成分です．

④ 2 つの行列が等しいとは，行の個数，列の個数がそれぞれ等しく，すべての成分がそれぞれ等しいときです．

⑤ 一般に行列を文字で表すとき，例えば行列を A と表し，(i, j) 成分を a_{ij} と表し，$A = [a_{ij}]$ と表します．より明示的に書くときは

$$A = \begin{bmatrix} a_{11} & \cdots & a_{1n} \\ \vdots & \ddots & \vdots \\ a_{m1} & \cdots & a_{mn} \end{bmatrix}$$

とします．

それでは次の例で用語を確認します．

$$\begin{bmatrix} a & b & c & d \\ e & f & g & h \end{bmatrix}, \quad \begin{bmatrix} p & q \\ r & s \\ t & u \end{bmatrix}, \quad \begin{bmatrix} 1 & 2 & 3 \\ \alpha & \beta & \gamma \\ x & y & z \end{bmatrix}.$$

（あ）　（い）　（う）

行列（あ）は 2×4 行列，行列（い）は 3×2 行列，行列（う）は 3×3 行列です．$\times$ は記号なので $2 \times 4 = 8$ のように計算しません．もちろん，この数は行列の成分の個数を表しています．

行列（あ）の第2行は e, f, g, h の横の並びです．行列（い）の第1列は p, r, t の縦の並びです．行列（う）の $(2,3)$ 成分は γ です．

ところで，（う）の行列のように行の個数と列の個数が等しい行列，つまり正方形に数を並べた行列を正方行列といいます．行が m 個ある正方行列を m 次正方行列といいます．（う）は3次正方行列です．

2.2 基本変形

連立方程式を実際に解いてみましょう．

$$\begin{cases} \ \ x + 2y = 2 \cdots ① \\ -x + \ \ y = 1 \cdots ② \end{cases}$$

解法の手順を明示しながら進めます．

(1) ① + ② より x が消去されます：

$$3y = 3$$

(2) この式の両辺を 1/3 倍します：

$$\frac{1}{3} \times 3y = \frac{1}{3} \times 3 \qquad \therefore\ y = 1$$

(3) 話の都合で，$y = 1$ の両辺を2倍して①から引きます：

$$\begin{array}{rrcl} & x \ \ +2y & = & 2 \\ -) & 2y & = & 2 \\ \hline & x \qquad & = & 0 \end{array} \qquad \therefore\ x = 0$$

こうして連立方程式の解 $x = 0, y = 1$ が得られました．

この式変形を行列で整理します．式の変形には3つの基本的なパターンがあります．

① 式の両辺を定数倍する（「スカラー倍する[1]」という）．

[1]注．「スカラー」は「ベクトル」とともにハミルトン（ウィリアム・ローワン・ハミルトン，1805–1865）による造語です．

② 式の両辺をスカラー倍した式を他の式に足す．あるいは他の式から引く．
③ 式の上下を入れかえる．

最後の「式の上下を入れかえる」は式変形では重要ではありませんが，行列で解法をまとめる際には重要です．

本書では，この 3 つの操作を行列への操作とみて，それぞれ [行倍]，[行和]，[行換] と呼びます．これらの操作をまとめて行に関する基本変形と呼びます[2]．上の変形を具体的に基本変形で書き下すと

$$\begin{bmatrix} 1 & 2 & 2 \\ -1 & 1 & 1 \end{bmatrix} \xrightarrow[\text{[行和]}]{\text{2 行に 1 行を足す}} \begin{bmatrix} 1 & 2 & 2 \\ 0 & 3 & 3 \end{bmatrix} \xrightarrow[\text{[行倍]}]{\text{2 行を (1/3) 倍する}}$$

$$\begin{bmatrix} 1 & 2 & 2 \\ 0 & 1 & 1 \end{bmatrix} \xrightarrow[\text{[行和]}]{\text{1 行から 2 行の 2 倍を引く}} \begin{bmatrix} 1 & 0 & 0 \\ 0 & 1 & 1 \end{bmatrix}$$

となります．最後の行列の第 3 列が $x = 0, y = 1$ に対応しています．最後の変形は「1 行に 2 行の (−2) 倍を足す」と言えるので，この変形も [行和] と呼ぶことにします．

まとめ 1

連立方程式の拡大係数行列に，行に関する基本変形を何回か施して，連立方程式を解くことができる．

2.3 解法

解法を行列を中心に整理します．解法のポイントは次の 3 つです．

① 変数を順に消去していく手順．
② 解が求められる最終的な行列の形．
③ ②の行列から，具体的に解を構成すること．

---

[2] ちなみに列に関する同様の操作を列に関する基本変形と呼びます．

順に説明しましょう．

● ① 変数を順に消去していく手順 ●

変数を 1 つずつ順に消去します．このことは，拡大係数行列では

左の列から順に非零成分を選んで
[行和] を用いて同じ列のほかの成分を 0 にする

ことになります．連立方程式

$$\begin{cases} x + y + 2z = 5 \\ 2x + y - z = -3 \\ 4x + 2y - z = -3 \end{cases}$$

を例に説明します．拡大係数行列の左から順に注目します．下線を引いた 0 を作るように変形するのがポイントです．

$$\begin{bmatrix} 1 & 1 & 2 & 5 \\ 2 & 1 & -1 & -3 \\ 4 & 2 & -1 & -3 \end{bmatrix} \xrightarrow[\text{1 行の 4 倍を 3 行から引く}]{\text{1 行の 2 倍を 2 行から引く}} \begin{bmatrix} 1 & 1 & 2 & 5 \\ \underline{0} & -1 & -5 & -13 \\ \underline{0} & -2 & -9 & -23 \end{bmatrix}$$

$$\xrightarrow[\text{2 行の 2 倍を 3 行から引く}]{\text{2 行を 1 行に足す}} \begin{bmatrix} 1 & \underline{0} & -3 & -8 \\ 0 & -1 & -5 & -13 \\ 0 & \underline{0} & 1 & 3 \end{bmatrix} \xrightarrow[\text{3 行の 3 倍を 1 行に足す}]{\text{3 行の 5 倍を 2 行に足す}}$$

$$\begin{bmatrix} 1 & 0 & \underline{0} & 1 \\ 0 & -1 & \underline{0} & 2 \\ 0 & 0 & 1 & 3 \end{bmatrix} \xrightarrow{\text{2 行を (−1) 倍する}} \begin{bmatrix} 1 & 0 & 0 & 1 \\ 0 & 1 & 0 & -2 \\ 0 & 0 & 1 & 3 \end{bmatrix}$$

このように 1 つの成分以外を 0 にしていくことで，変数が左から順に消去されています．この最後の行列から，

$$\begin{cases} x = 1 \\ y = -2 \\ z = 3 \end{cases}$$

が得られます．

● ② 解が求められる最終的な行列の形 ●

変数の消去を拡大係数行列で計算した行列は，最終的に次のような形になります：

$$\begin{bmatrix} 1 & 3 & 0 & 5 \\ 0 & 0 & 1 & 2 \\ 0 & 0 & 0 & 0 \end{bmatrix}, \quad \begin{bmatrix} 0 & 1 & 0 & 2 & 0 \\ 0 & 0 & 1 & 4 & 0 \\ 0 & 0 & 0 & 0 & 1 \end{bmatrix}, \quad \begin{bmatrix} 1 & 0 & 2 & 2 & 0 \\ 0 & 1 & 1 & 3 & 0 \\ 0 & 0 & 0 & 0 & 1 \\ 0 & 0 & 0 & 0 & 0 \end{bmatrix}.$$

この行列の特徴を文章で説明すると以下のとおりです．上の行列の例を見ながら確認してください．

(1) 各行の最も左にある零でない成分は 1 に等しい．
　(この非零成分を (1 に等しくない場合も含め) かなめといいます．)
(2) 各行のかなめの上に並ぶ成分はすべて 0 である．
(3) 各行のかなめは，下の行にいくにつれ，真に右の列へずれていく．

この (1), (2), (3) をみたす行列を既約行階段形といいます．(3) をみたす行列を行階段形といいます．

次の行列は行階段形や既約行階段形でしょうか．

$$(\text{あ}) \begin{bmatrix} 1 & 3 & \underline{2} & 5 \\ 0 & 0 & 1 & 2 \\ 0 & 0 & 0 & 0 \end{bmatrix} \quad (\text{い}) \begin{bmatrix} 0 & 1 & 0 & 2 & 0 \\ 0 & 0 & \underline{2} & 4 & 0 \\ 0 & 0 & 0 & 0 & 1 \end{bmatrix} \quad (\text{う}) \begin{bmatrix} 1 & 0 & 2 & 2 & 0 \\ 0 & 1 & 1 & 3 & 0 \\ 0 & \underline{1} & 0 & 0 & 1 \\ 0 & 0 & 0 & 0 & 0 \end{bmatrix}$$

(あ)，(い) は行階段形ですが，既約行階段形ではありません．下線を引いた成分に注目してください．(あ) は $(1,3)$ 成分が 0 でないから，(い) は $(2,3)$ 成分 (かなめ) が 1 でないからです．(う) は行階段形ではありません．第 2 行と第 3 行の最左非零成分 ($(2,2)$ 成分と $(3,2)$ 成分) がたてに並んでいるからです．

● ③ ②の行列から，具体的に解を構成すること ●

まず2変数の場合を説明します．

$$\begin{cases} ax + by = p \\ cx + dy = q \end{cases}$$

の場合に拡大係数行列 $\begin{bmatrix} a & b & p \\ c & d & q \end{bmatrix}$ が，行に関する基本変形を何回か用いて $\begin{bmatrix} 1 & 0 & p' \\ 0 & 1 & q' \end{bmatrix}$ $\cdots$ ⊛と変形されたとします．最後に得られた行列を方程式になおすと，

$$\begin{cases} 1\,x + 0\,y = p' \\ 0\,x + 1\,y = q' \end{cases} \quad \text{すなわち} \quad \begin{cases} x = p' \\ y = q' \end{cases}$$

となります．したがって⊛の既約行階段形から直ちに解がわかります．

3変数でも同じです．拡大係数行列を変形して既約行階段形になったとして説明します．まず

$$\begin{bmatrix} 1 & 0 & 0 & p \\ 0 & 1 & 0 & q \\ 0 & 0 & 1 & r \end{bmatrix} \text{のときは同様に} \begin{cases} x = p \\ y = q \\ z = r \end{cases}$$

と解が求まります．もし，3本の方程式のうち，他の方程式で表せるような式があったとすると，既約行階段形は

$$ⓐ \begin{bmatrix} 1 & 0 & a & p \\ 0 & 1 & b & q \\ 0 & 0 & 0 & r \end{bmatrix} \quad ⓑ \begin{bmatrix} 1 & a & 0 & p \\ 0 & 0 & 1 & q \\ 0 & 0 & 0 & r \end{bmatrix} \quad ⓒ \begin{bmatrix} 1 & a & b & p \\ 0 & 0 & 0 & q \\ 0 & 0 & 0 & r \end{bmatrix}$$

のような形になります．このとき解が存在するための条件は

ⓐ, ⓑの場合 $\cdots$ $r = 0$

ⓒの場合 $\cdots$ $q = r = 0$

です．いずれも，もとの方程式から（例えば既約行階段形の第3行から）

$$0x + 0y + 0z = r$$

のような式が得られるからです．$r \neq 0$ のとき解はありません．

ⓐ, ⓑ, ⓒで解が存在する場合，解をどのように書いたらよいでしょうか．まずⓐを考えます．ⓐを方程式の形になおすと，

$$\begin{cases} x \quad\quad + az = p \\ \quad\quad y + bz = q \end{cases}$$

となります．x, y は，既約行階段形のかなめ (=1) を係数にしています．そこで，かなめでない成分を係数にもつ z を，$z = \alpha$ と書き直して，

$$x = p - a\alpha, \quad y = q - b\alpha, \quad z = \alpha$$

と解きます．α はパラメータです．これが解です！　行列の形で書き直すと，

$$\begin{bmatrix} x \\ y \\ z \end{bmatrix} = \begin{bmatrix} p - a\alpha \\ q - b\alpha \\ \alpha \end{bmatrix} = \begin{bmatrix} p \\ q \\ 0 \end{bmatrix} + \alpha \begin{bmatrix} -a \\ -b \\ 1 \end{bmatrix} \quad (\alpha \text{ は任意の数})$$

となります[3]．ⓑ, ⓒでも同様です：

$$\text{ⓑの解} \begin{bmatrix} x \\ y \\ z \end{bmatrix} = \begin{bmatrix} p \\ 0 \\ q \end{bmatrix} + \alpha \begin{bmatrix} -a \\ 1 \\ 0 \end{bmatrix} \quad (\alpha \text{ は任意の数}),$$

$$\text{ⓒの解} \begin{bmatrix} x \\ y \\ z \end{bmatrix} = \begin{bmatrix} p \\ 0 \\ 0 \end{bmatrix} + \alpha \begin{bmatrix} -a \\ 1 \\ 0 \end{bmatrix} + \beta \begin{bmatrix} -b \\ 0 \\ 1 \end{bmatrix} \quad (\alpha, \beta \text{ は任意の数}).$$

以上をまとめます．

まとめ 2 〜〜〜〜〜〜〜〜〜〜〜〜〜〜〜〜〜〜〜〜〜〜〜〜〜〜〜〜〜〜

かなめを係数にする変数以外をパラメータにおいて変形すれば，どんな場合の解も求められる．

〜〜〜〜〜〜〜〜〜〜〜〜〜〜〜〜〜〜〜〜〜〜〜〜〜〜〜〜〜〜〜〜〜〜〜〜

[3] ここの計算は 30 ページの [加減]，[スカラー倍] を参照してください．

2.4 階数

ここで，行列から定まる重要な非負整数を定義します．零でない行列 A に行に関する基本変形を何回か施して，行階段形 B になったとします：

$$A \xrightarrow{\text{基本変形を繰り返す}} \cdots \longrightarrow \cdots \longrightarrow B \ (A \text{ の行階段形}).$$

このとき B のかなめの個数（=零でない行の個数）を，行列 A の階数（かいすう）(rank（ランク）) といい，rank A と書きます：

$$\operatorname{rank} A = (B \text{ のかなめの個数}).$$

零行列 O（成分がすべて 0 に等しい行列）の場合，階数は 0 と定義します： $\operatorname{rank} O = 0$. 例えば，12 ページのⓐ, ⓑ, ⓒ の例では，

$$\text{ⓐ, ⓑの階数} = \begin{cases} 2 & (r = 0 \text{ のとき}) \\ 3 & (r \neq 0 \text{ のとき}) \end{cases}$$

$$\text{ⓒの階数} = \begin{cases} 1 & (q = 0, r = 0 \text{ のとき}) \\ 2 & (\text{そうでないとき}) \end{cases}$$

となります．

なお行階段形 B は一意的とは限りませんが，どのような B であってもかなめの個数は変わりません．一方，既約行階段形は基本変形の施し方によらず一意的です（参考 [ゼミ] 5A, 7H[4]）．

階数は，連立方程式では，解の存在を判定したり，解のパラメータの個数を数えるのに利用されます．

● 解の存在条件 ●

解の存在は，係数行列と拡大係数行列の階数を比較して判定できます．12 ページの例からわかるように，

係数行列の階数と拡大係数行列の階数が等しい
$\Longleftrightarrow$ 解が存在する

[4] [参考文献] 拙著，『基礎からわかる！ しっかりわかる！！ 線形代数ゼミ』，ナツメ社．

となります．階数が等しい条件はⓐ，ⓑではちょうど $r = 0$ になり，ⓒでは $q = r = 0$ になります．上で求めた階数と比較して理解してください．

● 解の自由度 ●

連立方程式の解を表すのに必要なパラメータの個数を解の自由度といいます．すでに計算してわかるように，

解の自由度 ＝（変数の個数 − 係数行列の階数）

となります．かなめを係数とする変数以外がパラメータになったことからわかりますね．上の公式を連立方程式の次元公式といいます．

この次元公式は現代数学を理解するための第一歩です．「この公式が？」と疑問に思うかもしれません．この公式では，具体的な解そのものではなく，「解の存在」，「解の大きさ（多少）」という数学的構造を係数行列の「階数」という数で述べています．この点が重要です：

解の存在，大きさ（多少）［数学的構造］
…… 階数［行列の不変量（重要な整数）］

この 2 つの観点，構造と不変量が現代数学の核心です．今後，より高度な数学を紹介したあと，この公式が進化します（73 ページ）．お楽しみに！

まとめ 3

① 行列 A の階数 … $\mathrm{rank}\, A =$（A の行階段形のかなめの個数）
② 解の存在条件 … 係数行列の階数と拡大係数行列の階数が等しい
③ 解の自由度 ＝ 解を表すパラメータの個数
④ 次元公式 … 解の自由度 ＝（変数の個数 − 係数行列の階数）

できるかな？　演習問題（解答は 168 ページ）

(1) 次の連立方程式の解を求めよ．

$$①\begin{cases} 2x-3y+z=-5 \\ -x+y-z=0 \\ 3x-4y+3z=-2 \end{cases} \qquad ②\begin{cases} 2x-3y+5z=8 \\ -x+y-2z=-3 \\ 3x-4y+7z=11 \end{cases}$$

(2) 次の連立方程式が解を持つような a を求めよ．

$$\begin{cases} 2x+2z=-2 \\ 5x-y+6z=-6 \\ -2x-y-z=a \end{cases}$$

(3) 次の行列の階数を求めよ．

$$\begin{bmatrix} -2 & 1 & -1 & 3 \\ -1 & 0 & -2 & 1 \\ 3 & -1 & 3 & -4 \end{bmatrix}$$

勉強のあいまに — 行列の誕生

行列はイギリスの数学者シルベスター（ジェイムズ・ジョセフ・シルベスター，1814–1897），ケーリー（アーサー・ケーリー，1821–1895）によって始められました．「行列（matrix）」という名はシルベスターが名付けました．matrix は「生み出すもの」という意味の語から来ています．行列は一般の連立方程式の解を記述する行列式を導く元（もと）であるとシルベスターは論文のなかで説明しています．

ところで，ケーリーの論文（“A memoir on the theory of matrices”, 1858 年）では，

$$\begin{bmatrix} a, & b, & c \\ a', & b', & c' \\ a'', & b'', & c'' \end{bmatrix} [x,\ y,\ z]$$

のように表記されていました（60 ページ参照）．今日のような表記ではありませんでした．当時では，表記としてとても自然に見えます．しかしいくつも掛ける積のルールを定式化するには都合が悪く，今日のように整理されたのではないでしょうか．

第3章 パッと解ける おまじない

行列式

これまで，行列を紹介して，連立方程式をコツコツ解く方法を学びました．今度は，連立方程式の答えをイッパツで書く公式を紹介しましょう．

3.1 例

連立方程式

$$\begin{cases} ax + by = p & \cdots ① \\ cx + dy = q & \cdots ② \end{cases}$$

を解いてみます．① $\times d -$ ② $\times b$ より

$$(ad - bc)x = pd - qb \quad \therefore\ x = \frac{pd - bq}{ad - bc}$$

と求まります．同様に y についても ② $\times a -$ ① $\times c$ より

$$(ad - bc)y = qa - pc \quad \therefore\ y = \frac{aq - pc}{ad - bc}$$

と求まります．この解の分母や分子に現れる式が行列式の例です．2 次正方行列 $\begin{bmatrix} a & b \\ c & d \end{bmatrix}$ に対して行列式 (determinant) を

$$\det \begin{bmatrix} a & b \\ c & d \end{bmatrix} = ad - bc$$

と定義します．行列式を記号「det」を使って表します．

３元連立方程式

$$\begin{cases} ax + by + cz = p \\ dx + ey + fz = q \\ gx + hy + iz = r \end{cases}$$

では実際に計算すると（計算は省略），解は次の式になります：

$$x = \frac{pei + bfr + cqh - pfh - bqi - cer}{aei + bfg + cdh - afh - bdi - ceg},$$
$$y = \frac{aqi + pfg + cdr - afr - pdi - cqg}{aei + bfg + cdh - afh - bdi - ceg},$$
$$z = \frac{aer + bqg + pdh - aqh - bdr - peg}{aei + bfg + cdh - afh - bdi - ceg}.$$

この公式を求める計算は 23 ページで紹介します．今は，なかなか大変そうな式だな，という感想で十分です．「こんな複雑な式をどうやって導いたらよいか？」それが本章のテーマ……行列式です．

3.2 行列式の性質

行列式の大事な性質には３つあります：

① 多重線形性　② 交代性　③ 正規性

実はこれらの性質が行列式の本質です．まず２次正方行列の場合に説明します．

① 多重線形性…１つの列の１次結合[1]が行列式の１次結合に分かれる．

$$\det\begin{bmatrix} \alpha a + \alpha' a' & b \\ \alpha c + \alpha' c' & d \end{bmatrix} = \alpha \det\begin{bmatrix} a & b \\ c & d \end{bmatrix} + \alpha' \det\begin{bmatrix} a' & b \\ c' & d \end{bmatrix}$$

[1] $\begin{bmatrix} \alpha a + \alpha' a' \\ \alpha c + \alpha' c' \end{bmatrix} = \alpha \begin{bmatrix} a \\ c \end{bmatrix} + \alpha' \begin{bmatrix} a' \\ c' \end{bmatrix}$ を $\begin{bmatrix} a \\ c \end{bmatrix}$ と $\begin{bmatrix} a' \\ c' \end{bmatrix}$ の１次結合といいます．右辺の行列式の式も１次結合です（48 ページ参照）．

② 交代性…同じ列があると行列式は 0 になる．列を交換すると行列式は (-1) 倍される．

$$\det\begin{bmatrix} a & a \\ c & c \end{bmatrix} = 0, \quad \det\begin{bmatrix} a & b \\ c & d \end{bmatrix} = -\det\begin{bmatrix} b & a \\ d & c \end{bmatrix}$$

③ 正規性…単位行列[2]の行列式は 1 に等しい．

$$\det\begin{bmatrix} 1 & 0 \\ 0 & 1 \end{bmatrix} = 1$$

この 3 つの性質は，行列式の定義式から直接，確かめられます．詳しくは章末，25 ページを参照してください．

さて，この 3 つの性質があると，方程式が簡単に（！）解けます．やってみましょう．方程式を

$$\begin{bmatrix} X \\ Y \end{bmatrix} = x\begin{bmatrix} a \\ c \end{bmatrix} + y\begin{bmatrix} b \\ d \end{bmatrix} = \begin{bmatrix} ax+by \\ cx+dy \end{bmatrix} = \begin{bmatrix} p \\ q \end{bmatrix}$$

と表して，$\det\begin{bmatrix} X & b \\ Y & d \end{bmatrix}$ に代入してみましょう：

$$\det\begin{bmatrix} ax+by & b \\ cx+dy & d \end{bmatrix} = \det\begin{bmatrix} p & b \\ q & d \end{bmatrix}.$$

この左辺は

$$(\text{左辺}) = x\det\begin{bmatrix} a & b \\ c & d \end{bmatrix} + y\det\begin{bmatrix} b & b \\ d & d \end{bmatrix} = x\det\begin{bmatrix} a & b \\ c & d \end{bmatrix}$$

(多重線形性)　　　　(交代性)

となります．したがって

$$x\det\begin{bmatrix} a & b \\ c & d \end{bmatrix} = \det\begin{bmatrix} p & b \\ q & d \end{bmatrix}$$

[2]対角成分は 1，他の成分は 0 に等しい行列を単位行列といいます．

が得られます．同様に $\det\begin{bmatrix} a & X \\ c & Y \end{bmatrix}$ に代入して

$$y\det\begin{bmatrix} a & b \\ c & d \end{bmatrix} = \det\begin{bmatrix} a & p \\ c & q \end{bmatrix}$$

が得られます．よって

$$x = \frac{\det\begin{bmatrix} p & b \\ q & d \end{bmatrix}}{\det\begin{bmatrix} a & b \\ c & d \end{bmatrix}} = \frac{pd - bq}{ad - bc},\ y = \frac{\det\begin{bmatrix} a & p \\ c & q \end{bmatrix}}{\det\begin{bmatrix} a & b \\ c & d \end{bmatrix}} = \frac{aq - pc}{ad - bc}$$

と x, y が求まります．これが解の公式を導く原理です．

3.3 3次正方行列の行列式

それでは，行列式の3つの性質をみたすように，正方行列の行列式の公式を導きます．はじめに行列式の3つの性質を使って，2次正方行列の行列式を計算してみます．正規性の条件と交代性から

$$\det\begin{bmatrix} 1 & 0 \\ 0 & 1 \end{bmatrix} = 1, \quad \det\begin{bmatrix} 0 & 1 \\ 1 & 0 \end{bmatrix} = -1,$$
$$\det\begin{bmatrix} 1 & 1 \\ 0 & 0 \end{bmatrix} = 0, \quad \det\begin{bmatrix} 0 & 0 \\ 1 & 1 \end{bmatrix} = 0$$

となります．2つめの式は1列と2列を交換したので (-1) 倍されます．この結果と多重線形性と交代性から2次正方行列の行列式を求めてみます．$\begin{bmatrix} a \\ c \end{bmatrix} = a\begin{bmatrix} 1 \\ 0 \end{bmatrix} + c\begin{bmatrix} 0 \\ 1 \end{bmatrix}$ などを利用して，

$$\begin{aligned}
\det\begin{bmatrix} a & b \\ c & d \end{bmatrix} =& a\det\begin{bmatrix} 1 & b \\ 0 & d \end{bmatrix} + c\det\begin{bmatrix} 0 & b \\ 1 & d \end{bmatrix} \\
=& a\left(b\det\begin{bmatrix} 1 & 1 \\ 0 & 0 \end{bmatrix} + d\det\begin{bmatrix} 1 & 0 \\ 0 & 1 \end{bmatrix}\right)
\end{aligned}$$

$$+ c\left(b\det\begin{bmatrix}0 & 1\\1 & 0\end{bmatrix} + d\det\begin{bmatrix}0 & 0\\1 & 1\end{bmatrix}\right)$$
$$= ad - bc$$

となります．確かに正しく行列式が求まりました．

今度は 3 次正方行列について，同様に計算してみます．まず正規性の条件と交代性から次の行列式が定まります：

$$\det\begin{bmatrix}1 & 0 & 0\\0 & 1 & 0\\0 & 0 & 1\end{bmatrix} = 1,\ \det\begin{bmatrix}1 & 0 & 0\\0 & 0 & 1\\0 & 1 & 0\end{bmatrix} = -1,\ \det\begin{bmatrix}0 & 0 & 1\\0 & 1 & 0\\1 & 0 & 0\end{bmatrix} = -1,$$

$$\det\begin{bmatrix}0 & 1 & 0\\1 & 0 & 0\\0 & 0 & 1\end{bmatrix} = -1,\ \det\begin{bmatrix}0 & 1 & 0\\0 & 0 & 1\\1 & 0 & 0\end{bmatrix} = 1,\ \det\begin{bmatrix}0 & 0 & 1\\1 & 0 & 0\\0 & 1 & 0\end{bmatrix} = 1.$$

例えば，上の 2 番目の式は，単位行列の 2 列と 3 列を交換した行列ですから，単位行列の行列式 $(= 1)$ の (-1) 倍になります．最後の行列式は，単位行列の 1 列と 2 列を交換して，続いて 2 列と 3 列を交換して得られます．よって列を 2 回交換したので，単位行列の行列式の $(-1)^2 = 1$ 倍，すなわち 1 になります．

以上の計算をもとに，3 次正方行列の行列式を多重線形性と交代性から求めてみましょう．$\begin{bmatrix}a\\d\\g\end{bmatrix} = a\begin{bmatrix}1\\0\\0\end{bmatrix} + d\begin{bmatrix}0\\1\\0\end{bmatrix} + g\begin{bmatrix}0\\0\\1\end{bmatrix}$ に多重線形性を適用して

$$\det\begin{bmatrix}a & b & c\\d & e & f\\g & h & i\end{bmatrix}$$
$$= a\det\begin{bmatrix}1 & b & c\\0 & e & f\\0 & h & i\end{bmatrix} + d\det\begin{bmatrix}0 & b & c\\1 & e & f\\0 & h & i\end{bmatrix} + g\det\begin{bmatrix}0 & b & c\\0 & e & f\\1 & h & i\end{bmatrix}$$

を得ます．$\begin{bmatrix} b \\ e \\ h \end{bmatrix}$ について同様に変形して交代性を利用すると，

$$\det\begin{bmatrix} 1 & b & c \\ 0 & e & f \\ 0 & h & i \end{bmatrix} = e\det\begin{bmatrix} 1 & 0 & c \\ 0 & 1 & f \\ 0 & 0 & i \end{bmatrix} + h\det\begin{bmatrix} 1 & 0 & c \\ 0 & 0 & f \\ 0 & 1 & i \end{bmatrix}$$

を得ます．$\det\begin{bmatrix} 1\,1\,c \\ 0\,0\,f \\ 0\,0\,i \end{bmatrix} = 0$（交代性）を使いました．そして $\begin{bmatrix} c \\ f \\ i \end{bmatrix}$ について同様に変形して交代性を利用すると

$$\det\begin{bmatrix} 1 & 0 & c \\ 0 & 1 & f \\ 0 & 0 & i \end{bmatrix} = i\det\begin{bmatrix} 1 & 0 & 0 \\ 0 & 1 & 0 \\ 0 & 0 & 1 \end{bmatrix},$$

$$\det\begin{bmatrix} 1 & 0 & c \\ 0 & 0 & f \\ 0 & 1 & i \end{bmatrix} = f\det\begin{bmatrix} 1 & 0 & 0 \\ 0 & 0 & 1 \\ 0 & 1 & 0 \end{bmatrix}$$

となります．ここまでをまとめると，

$$\begin{aligned} a\det\begin{bmatrix} 1 & b & c \\ 0 & e & f \\ 0 & h & i \end{bmatrix} =& aei\det\begin{bmatrix} 1 & 0 & 0 \\ 0 & 1 & 0 \\ 0 & 0 & 1 \end{bmatrix} + ahf\det\begin{bmatrix} 1 & 0 & 0 \\ 0 & 0 & 1 \\ 0 & 1 & 0 \end{bmatrix} \\ =& aei - ahf \end{aligned}$$

となります．ほかも同様に計算して，結局

$$\begin{aligned} \det\begin{bmatrix} a & b & c \\ d & e & f \\ g & h & i \end{bmatrix} &= (aei - ahf) + (dhc - dbi) + (gbf - gce) \\ &= aei + cdh + bgf - afh - bdi - ceg \end{aligned}$$

が得られます．これが 3 次正方行列の行列式になります．この式をサラスの公式といいます．この行列式は複雑ですが，覚える方法があります．本節の最後に説明します．

ここまでは，①, ②, ③の性質を持つ行列式が存在すれば上の公式になることを説明しました．逆にこの公式で定義したものが，これらの性質を持つことも直接，計算して確かめられます．

一般の正方行列に関して考えるときは工夫が必要です．参考文献（[ゼミ]，第9講）をご覧ください．

最後に行列式を使って3.1節で挙げた公式を導きます．連立方程式を

$$x\boldsymbol{a}+y\boldsymbol{b}+z\boldsymbol{c}=\boldsymbol{p} \quad \cdots \circledast$$

と書きます．ここで $\boldsymbol{a}=\begin{bmatrix} a \\ d \\ g \end{bmatrix}, \boldsymbol{b}=\begin{bmatrix} b \\ e \\ h \end{bmatrix}, \boldsymbol{c}=\begin{bmatrix} c \\ f \\ i \end{bmatrix}, \boldsymbol{p}=\begin{bmatrix} p \\ q \\ r \end{bmatrix}$ とします．$\det[\boldsymbol{e}\ \boldsymbol{b}\ \boldsymbol{c}]$ の $\boldsymbol{e}$ に$\circledast$を代入します：

$$\det[(x\boldsymbol{a}+y\boldsymbol{b}+z\boldsymbol{c})\ \boldsymbol{b}\ \boldsymbol{c}]=\det[\boldsymbol{p}\ \boldsymbol{b}\ \boldsymbol{c}].$$

ここで左辺を計算すると

$$\begin{aligned}(\text{左辺}) &= \det[x\boldsymbol{a}\ \boldsymbol{b}\ \boldsymbol{c}]+\det[y\boldsymbol{b}\ \boldsymbol{b}\ \boldsymbol{c}]+\det[z\boldsymbol{c}\ \boldsymbol{b}\ \boldsymbol{c}] \\ &\quad (\text{第1列の括弧を展開}) \\ &= x\det[\boldsymbol{a}\ \boldsymbol{b}\ \boldsymbol{c}]+y\,\mathrm{dct}[\boldsymbol{b}\ \boldsymbol{b}\ \boldsymbol{c}]+z\det[\boldsymbol{c}\ \boldsymbol{b}\ \boldsymbol{c}] \\ &\quad (\text{スカラー倍を det の外へ出す}) \\ &= x\det[\boldsymbol{a}\ \boldsymbol{b}\ \boldsymbol{c}]=\det[\boldsymbol{p}\ \boldsymbol{b}\ \boldsymbol{c}] \quad (\text{上式の右辺}) \\ &\quad (\text{交代性})\end{aligned}$$

となります．したがって

$$x=\frac{\det[\boldsymbol{p}\ \boldsymbol{b}\ \boldsymbol{c}]}{\det[\boldsymbol{a}\ \boldsymbol{b}\ \boldsymbol{c}]}=\frac{pei+bfr+cqh-pfh-bqi-cer}{aei+bfg+cdh-afh-bdi-ceg}$$

です．y, z も同様です．これが行列式を用いた解の公式です．すっきりと計算できました！ この公式はクラメールの公式と呼ばれています．

● サラスの公式 ●

3次正方行列

$$A=\begin{bmatrix} a & b & c \\ d & e & f \\ g & h & i \end{bmatrix}$$

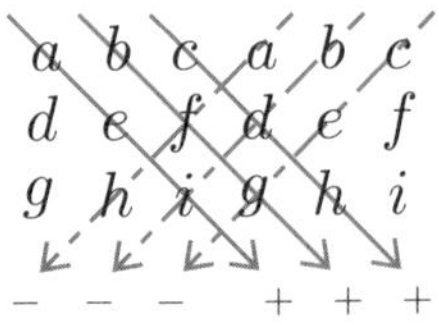

図 3.1 サラスの公式

の行列式を覚える方法を説明します．正方行列を横に並べて書きます（図 3.1）．この図で一行めの左側の a, b, c から斜め右下に掛けた項の和 $aei + bfg + cdh$ から，一行めの右側の a, b, c から斜め左下に掛けた項の和 $afh + bdi + ceg$ を引いた差が A の行列式です：

$$\det A = aei + bfg + cdh - afh - bdi - ceg.$$

4 次以上の正方行列の行列式については，このような覚えるのに適した簡明な方法は知られていません．例えば 4 次正方行列の行列式には，同様に計算して 24 個の項の和差になります．24 は 4 の階乗 $(4! = 4 \cdot 3 \cdot 2 \cdot 1)$ です．覚え方には，これらの 24 個の項を符号とともに導く方法が必要です．何か良い方法があるのでしょうか？？？

● 行列式の意外な応用 ●

行列式はさまざまな場面で応用されます（例えば 37 ページのまとめ）．ここでは，行列式で直線の方程式が表せることを説明します．

異なる 2 点を $\begin{bmatrix} a \\ b \end{bmatrix}, \begin{bmatrix} c \\ d \end{bmatrix}$ とします．この 2 点を通る直線の方程式は

$$\det \begin{bmatrix} a & c & x \\ b & d & y \\ 1 & 1 & 1 \end{bmatrix} = 0 \qquad (*)$$

と表せます．実際に左辺をサラスの公式で計算すると

$$\begin{aligned} (\text{左辺}) &= ad + bx + cy - dx - bc - ay \\ &= (b - d)x + (c - a)y + ad - bc \end{aligned}$$

と x, y の 1 次式が出てきます．この式が求めたい直線の方程式であることは行列式の交代性からすぐわかります．実際，$\begin{bmatrix} x \\ y \end{bmatrix} = \begin{bmatrix} a \\ b \end{bmatrix}, \begin{bmatrix} c \\ d \end{bmatrix}$ を代入すると交代性よりそれぞれ 0 になります．$(*)$ はこの 2 点を解にもつ 1 次方程式なので，上のような直線を表します．

この応用は意外でしたか．

まとめ 4 ～～～～～～～～～～～～～～～～～～～～～～～～～～～～～

① 行列式の 3 つの性質 … 多重線形性，交代性，正規性

② クラメールの公式 … 連立 1 次方程式の解の公式

③ サラスの公式 … 3 次正方行列の行列式の公式

～～～～～～～～～～～～～～～～～～～～～～～～～～～～～～～～～～

できるかな？　演習問題 （解答は 168 ページ）

次の行列の行列式を計算せよ．

(1) $\begin{bmatrix} x & -1 & 0 \\ 0 & x & -1 \\ c & b & a \end{bmatrix}$　(2) $\begin{bmatrix} 2a & b & 0 \\ 0 & 2a & b \\ a & b & c \end{bmatrix}$

第 3 章の補足

- 2 次正方行列の行列式の性質の確認

① 多重線形性（1 つの列の 1 次結合が行列式の 1 次結合に分かれる．）

$$\begin{aligned} \det \begin{bmatrix} \alpha a + \alpha' a' & b \\ \alpha c + \alpha' c' & d \end{bmatrix} &= (\alpha a + \alpha' a')d - b(\alpha c + \alpha' c') \\ &= \alpha ad + \alpha' a'd - \alpha bc - \alpha' bc' \\ &= \alpha(ad - bc) + \alpha'(a'd - bc') \\ &= \alpha \det \begin{bmatrix} a & b \\ c & d \end{bmatrix} + \alpha' \det \begin{bmatrix} a' & b \\ c' & d \end{bmatrix}. \end{aligned}$$

② 交代性（同じ列があると行列式は 0 になる．列を交換すると行列式は (-1) 倍される．）

$$\det \begin{bmatrix} a & a \\ c & c \end{bmatrix} = ac - ac = 0,$$

$$\det \begin{bmatrix} a & b \\ c & d \end{bmatrix} = ad - bc = -(bc - ad) = -\det \begin{bmatrix} b & a \\ d & c \end{bmatrix}.$$

③ 正規性（単位行列の行列式は 1 に等しい．）

$$\det \begin{bmatrix} 1 & 0 \\ 0 & 1 \end{bmatrix} = 1 \cdot 1 - 0 \cdot 0 = 1.$$

勉強のあいまに — 行列式の誕生

行列式は行列よりも先に生まれました．行列式（determinant）は 19 世紀前半ごろコーシー（オーギュスタン・ルイ・コーシー，1789–1857）によって完成しました．ヨーロッパで行列式が発見される前，当時，江戸時代の和算家，関孝和が 3 次正方行列の行列式を発見していました．

行列式は，連立方程式の解の公式から導かれたのだと思います．そして，解が無数にある場合（係数行列が正則でない場合）に解を記述する公式から，係数を四角く並べる行列のアイデアが生まれてきたように思います．はじめから行列自身の重要性に気付くのは難しかったのだろうと想像されますが，みなさんはどう思われますか．

ところで，行列と行列式という命名は，高木貞治氏（1875–1960）によるものです．（高木貞治氏に関して，例えば，高瀬正仁著『高木貞治 — 近代数学の父』，岩波新書をご覧ください．）

第 4 章 数みたい？ でも違うみたい

行列代数

これまで連立方程式に関連させて，行列を紹介してきました．本章では行列を連立方程式と切り離して眺めます．

行列は，数と同じように，加法，減法，乗法があります．これらの演算には，数とは違う点，つまり「行列ならでは」という特徴もあります．例えば乗法にその特徴が現れています．

このような行列の演算がはじめて注目されたのは，ケーリーの頃です．ケーリーは，行列を数のように思えば，連立方程式の解法も簡単に整理できるではないか！と考えました．つまり $ax = b$ を $x = \dfrac{b}{a} = a^{-1}b$ と解くように，$A\boldsymbol{x} = \boldsymbol{b}$ を $\boldsymbol{x} = A^{-1}\boldsymbol{b}$ と解ける！と考えたわけです．ケーリー自身は，この数と行列の類似をもとに行列論を発展させました．

それでは，行列の演算を詳しく学びましょう．

4.1 数の加減乗除

数の加減乗除について説明します．現代数学における数の加減乗除は，高校数学の常識をはるかに越えています．これは 19 世紀後半に確立した考え方です．

まず加減乗除の考え方を紹介します．数の加減乗除といえば，次の性質の一覧を（(10) 以外は）一度は聞いたことがあるでしょう．

「任意の数 $a, b, c, \ldots$ に対して，次のことが成り立つ．

(1) $(a+b)+c=a+(b+c)$ （和の結合法則）
(2) $a+b=b+a$ （和の交換法則）
(3) 0 は $a+0=0+a=a$ をみたす．
(4) $a+a'=0$ をみたす a' が存在する．
(通常 a' を $-a$ と書く．)
(5) $(ab)c=a(bc)$ （積の結合法則）
(6) $ab=ba$ （積の交換法則）
(7) 1 は $1a=a1=a$ をみたす．
(8) 0 でない a には $a''a=aa''=1$ をみたす a'' がある．
(通常 a'' を a^{-1} と書く．)
(9) $a(b+c)=ab+ac, (a+b)c=ac+bc$ （分配法則）
(10) 0 と 1 は異なる．」

現代数学では，数の計算がすべて，加減乗除のこれら 10 個の性質に帰着されていることを見抜いて（！），これらの性質をみたす対象をすべて数と同じように考えます．数学的に厳密に言えば，(1) から (10) の性質をもつ演算（加減乗除）を備えた集合を体（たい）といいます[1]．簡単に言えば，加減乗除ができるものをみんな数と同じ仲間に入れてしまおう，という気持ちです．

体の例にはいろいろあります．有理数全体，実数全体，複素数全体 (後述）は体です．これらは数ですが，ほかにも，このような体を係数にもつ分数式 (例えば $\dfrac{x+1}{x^2+1}$ など) 全体も体です．変数がいくつあっても分数式全体は体になっています．

ほかの例には，$\{0,1,2,\ldots,p-1\}$ （ただし p は素数）という p 個の元からなる集合も，次のように p で割った余りを対応させて和，積を定義すると体になります：

$$a \text{ と } b \text{ の和} = (a+b \text{ を } p \text{ で割った余り})$$
$$a \text{ と } b \text{ の積} = (ab \text{ を } p \text{ で割った余り})$$

例えば $p=5$ を考えてみます．この場合，

[1]減法，除法はそれぞれ加法，乗法の逆演算なので，加減乗除において加法，乗法が本質的です．

$$2 \text{ と } 3 \text{ の積} = (2 \cdot 3 = 6 \text{ を } 5 \text{ で割った余り}) = 1$$
$$4 \text{ と } 4 \text{ の積} = (4 \cdot 4 = 16 \text{ を } 5 \text{ で割った余り}) = 1$$

なので，この体において $2^{-1} = 3,\ 4^{-1} = 4$ となります．

● 複素数体 ●

ここで簡単に複素数について説明します．実数は 2 乗すると必ず非負です．したがって方程式 $x^2 + 1 = 0$ には解がありません．ですが，実数にこだわらずに考えると，もっと世界が広がります．

例えば，$x^2 + 1 = 0$ の解になる「数」を考えて，それを i と表すことにします．つまり

i は $i^2 = -1$ をみたす数です！

ここでいう「数」は，数の世界がとても広いものだと想像して，実数以外の数も考えます．この i を虚数単位（きょすうたんい）といいます[2]．

加減乗除とともに，実数を拡張して $a + bi$（a, b は実数，i は虚数単位）の形の数を考えます．この数を複素数（ふくそすう）といいます．$b \neq 0$ のとき $a + bi$ を虚数（きょすう）といいます．$a + 0i$ は単に a と書き，この数も実数と呼びます．$0 + bi$ は単に bi と書き，純虚数（じゅんきょすう）と呼びます．また $1i, -1i$ は $i, -i$ と書きます．

複素数の加減乗除は次のようにします．

[加法] $(a + bi) + (c + di) = (a + c) + (b + d)i$

[減法] $(a + bi) - (c + di) = (a - c) + (b - d)i$

[乗法] $(a + bi) \times (c + di) = (ac - bd) + (ad + bc)i$

[除法] $(a + bi) \div (c + di) = \dfrac{ac + bd}{c^2 + d^2} + \dfrac{-ad + bc}{c^2 + d^2}i$

ただし除法では $c + di \neq 0$ とします．したがって $c^2 + d^2 \neq 0$ です．複素数全体はこれらの加減乗除に関して体になります．これを複素数体といいます．

---

[2]虚数（英語で imaginary number という）という呼び名は，当時の思想（想像上の数）を反映したものです．

● 標準的な記号 ●

有理数体，実数体，複素数体などを表す標準的な記号を紹介します．それぞれこれらの名称から来ています．

$\mathbb{Q}$ …… 有理数体（Quotient（商）から来る）
$\mathbb{R}$ …… 実数体（Real number（実数）から来る）
$\mathbb{C}$ …… 複素数体（Complex number（複素数）から来る）

ほかにも，整数全体を $\mathbb{Z}$，有理数係数 1 変数多項式全体を $\mathbb{Q}[x]$（x は変数），有理数係数 1 変数分数式全体を $\mathbb{Q}(x)$（x は変数）と表します．ちなみに加減乗を備えた集合は環（かん）と呼ばれます．例えば体は環です．定義で述べられていないこと（例えば除法）は何も仮定しないのが数学の慣習です．というわけで体は環です．

まとめ 5

加減乗除を備えた集合を体という．有理数全体，実数全体，複素数全体はそれぞれ有理数体，実数体，複素数体という．ほかの例に，体を係数とする分数式全体や，素数で割った余りを利用した体がある．

4.2 行列の代数演算

行列について考えましょう．行列の演算は，数と似ている面と似ていない面の両方があります．演算としては，加法，減法，乗法，スカラー倍があります．数では「0 でない」という制限で除法がありましたが，行列ではもっと強い制限が課されます．

まず加法と減法とスカラー倍を説明します．この演算は各成分ごとに加法，減法，スカラー倍を行います：

$$[\text{加減}]\quad \begin{bmatrix} a & b \\ c & d \\ e & f \end{bmatrix} \pm \begin{bmatrix} a' & b' \\ c' & d' \\ e' & f' \end{bmatrix} = \begin{bmatrix} a \pm a' & b \pm b' \\ c \pm c' & d \pm d' \\ e \pm e' & f \pm f' \end{bmatrix} \text{（複合同順）}$$

$$[\text{スカラー倍}]\ \alpha\begin{bmatrix} a & b \\ c & d \\ e & f \end{bmatrix} = \begin{bmatrix} \alpha a & \alpha b \\ \alpha c & \alpha d \\ \alpha e & \alpha f \end{bmatrix}$$

したがって加法，減法は行と列の個数がそれぞれ等しい行列どうしでしか定義されません．一方，スカラー倍は，その前後で行列の型（行と列の個数のこと）を変えません．

最後に乗法を説明します．行列の各成分ごとに掛ける方法が考えられますが，この方法とは違う乗法をここでは説明します．これから説明する乗法の方が，本書（線形代数）では重要です．

乗法の基本は，1つの行からなる行列（行ベクトル）と，1つの列からなる行列（列ベクトル）の積です．これは「ベクトルの内積」です[3]：

$$\begin{bmatrix} a & b & c \end{bmatrix}\begin{bmatrix} x \\ y \\ z \end{bmatrix} = ax + by + cz.$$

そこで一般に，$m \times n$ 行列 A と $n \times l$ 行列 B の積 C の定義を，

$$C \text{ の } (i, j) \text{ 成分} = A \text{ の } i \text{ 行と } B \text{ の } j \text{ 列の積}$$

とします．ここで，積を定義するには

$$A \text{ の列の個数} = B \text{ の行の個数}$$

であることが必要です[4]．注意してください．

例えば，次の積を計算してみます．

$$\begin{bmatrix} 1 & 1 & 1 \\ 1 & 10 & 100 \\ -1 & -10 & -100 \end{bmatrix}\begin{bmatrix} 1 & 4 \\ 2 & 5 \\ 3 & 6 \end{bmatrix} = \begin{bmatrix} 6 & 15 \\ 321 & 654 \\ -321 & -654 \end{bmatrix}$$

右辺の $(1,1), (2,1), (3,1)$ 成分の計算は次のようにしています：

$$(1,1) \text{ 成分} = 1 \cdot \underline{1} + 1 \cdot \underline{2} + 1 \cdot \underline{3} = 6$$

---

[3] 2つの「数の三つ組」に対して，各成分の積の和を内積（ないせき）と呼んでいます．初めて聞く方は118ページの公式を参考にしてください．

[4] そのような条件が必要な理由は78ページで説明します．

$$(2,1)\text{ 成分} = 1 \cdot \underline{1} + 10 \cdot \underline{2} + 100 \cdot \underline{3} = 321$$
$$(3,1)\text{ 成分} = (-1) \cdot \underline{1} + (-10) \cdot \underline{2} + (-100) \cdot \underline{3} = -321$$

下線の数は左辺の右側の行列の第 1 列の成分を表しています．$(1,2)$, $(2,2)$, $(3,2)$ 成分も同様です．

行列の乗法は数とかなり違います．次の計算例をみてください．

$$\begin{bmatrix} 1 & 2 & 3 \end{bmatrix} \begin{bmatrix} 100 \\ 10 \\ 1 \end{bmatrix} = 123, \quad \begin{bmatrix} 100 \\ 10 \\ 1 \end{bmatrix} \begin{bmatrix} 1 & 2 & 3 \end{bmatrix} = \begin{bmatrix} 100 & 200 & 300 \\ 10 & 20 & 30 \\ 1 & 2 & 3 \end{bmatrix},$$

$$\begin{bmatrix} 0 & 1 \\ 0 & 0 \end{bmatrix} \begin{bmatrix} 1 & 0 \\ 0 & 0 \end{bmatrix} = \begin{bmatrix} 0 & 0 \\ 0 & 0 \end{bmatrix}, \quad \begin{bmatrix} 1 & 0 \\ 0 & 0 \end{bmatrix} \begin{bmatrix} 0 & 1 \\ 0 & 0 \end{bmatrix} = \begin{bmatrix} 0 & 1 \\ 0 & 0 \end{bmatrix}.$$

このように AB, BA が定義されていても，行列 AB, BA の型が違うこともありますし，型が同じでも等しいとは限りません．さらに，2 行めの例では，ともに零でない行列の積が零行列になっています．

これらの行列の演算の性質は，4.1 節の加減乗除の性質とよく似ています．式が多く大変ですが，似ていることが実感できれば十分です．

[加法] 任意の $m \times n$ 行列 A, B, C に対して，次が成り立つ．

(1) $A + (B + C) = (A + B) + C$.

(2) $A + B = B + A$.

(3) 零行列 O は $A + O = O + A = A$ をみたす．

(4) $A + (-A) = (-A) + A = O$.

[スカラー倍] 任意の $m \times n$ 行列 A, B と任意の数 α, β に対して，次が成り立つ．

(5) $(\alpha\beta)A = \alpha(\beta A)$.

(6) $\alpha(A + B) = \alpha A + \alpha B, \quad (\alpha + \beta)A = \alpha A + \beta A$.

[乗法] 任意の $m \times n$ 行列 A, A'，任意の $n \times l$ 行列 B, B'，任意の $l \times k$ 行列 C，任意の数 α に対して，次が成り立つ．

(7) $(AB)C = A(BC)$.

(8) n 次単位行列 E_n，m 次単位行列 E_m に対して，

$$AE_n = E_m A = A.$$

(9) $\alpha(AB) = (\alpha A)B = A(\alpha B)$.

(10) $A(B + B') = AB + AB'$，$(A + A')B = AB + A'B$.

以上が行列に関する基本的な演算です．行列に関するこのような性質が発見された当時は，数が拡張される可能性を感じてワクワクしていたに違いありませんね．

まとめ 6

行列の演算には加法，減法，乗法がある．これらの演算では結合法則や分配法則が成り立つ．ただし数と違って，計算できるためには行列の型に制限が付く．また積では $AB = BA$ とは限らない．

4.3　正則行列

前節でみたように，行列の乗法は数とかなり違っていました．数の割り算（かけ算の逆演算）では，0 で割ることができません．行列の場合，$AB = O$ をみたす行列 A, B では割り算ができません．ちなみに，$AB = O$ をみたす零でない正方行列 A や B を零因子（れいいんし）といいます．

割り算ができる正方行列 A は，$AB = BA = E$（E は単位行列）をみたす B が存在するものです．このような行列 A を正則（せいそく）行列といいます．この B を A の逆行列といい，A^{-1}（エー・インバース）と表します．

● 逆行列の求め方 ●

正則行列 A の逆行列は，連立方程式を解いて求められます．例えば

$$\begin{bmatrix} a & b \\ c & d \end{bmatrix} \begin{bmatrix} x & y \\ z & w \end{bmatrix} = \begin{bmatrix} 1 & 0 \\ 0 & 1 \end{bmatrix}$$

を考えます．行列の積を計算して書き直せば，

$$ax + bz = 1,\ cx + dz = 0,\ ay + bw = 0,\ cy + dw = 1$$

となります．さらにまとめれば

$$\begin{cases} ax + bz = 1 \\ cx + dz = 0 \end{cases},\quad \begin{cases} ay + bw = 0 \\ cy + dw = 1 \end{cases}$$

となり，x, z の連立方程式と y, w の連立方程式になります．したがって，行列の基本変形を用いた解法より求められます．また 2 つの連立方程式の係数は同じですから，$\begin{bmatrix} a & b \\ c & d \end{bmatrix}$ の逆行列は

$$\begin{bmatrix} a & b & 1 & 0 \\ c & d & 0 & 1 \end{bmatrix}$$

を既約行階段形に変形して求めます．実際に計算してみましょう．話の都合で，割る式はつねに 0 にならないと仮定してすすめます．

$$\begin{bmatrix} a & b & 1 & 0 \\ c & d & 0 & 1 \end{bmatrix} \xrightarrow[\text{② 2 行から 1 行の } c \text{ 倍を引く}]{\text{① 1 行を } (1/a) \text{ 倍する}} \begin{bmatrix} 1 & \dfrac{b}{a} & \dfrac{1}{a} & 0 \\ 0 & d - \dfrac{bc}{a} & -\dfrac{c}{a} & 1 \end{bmatrix}$$

$$\xrightarrow[\text{④ 1 行から 2 行の } b/a \text{ 倍を引く}]{\text{③ 2 行を } a/(ad-bc) \text{ 倍する}} \begin{bmatrix} 1 & 0 & \dfrac{d}{ad-bc} & -\dfrac{b}{ad-bc} \\ 0 & 1 & -\dfrac{c}{ad-bc} & \dfrac{a}{ad-bc} \end{bmatrix}$$

（ここで基本変形は①から④の順に行います．）

したがって 2 次正則行列の逆行列の公式が得られました：

逆行列の公式　$$\begin{bmatrix} a & b \\ c & d \end{bmatrix}^{-1} = \frac{1}{ad-bc} \begin{bmatrix} d & -b \\ -c & a \end{bmatrix}$$

今度は 3 次正則行列

$$\begin{bmatrix} 1 & 1 & 2 \\ 2 & 1 & -1 \\ 4 & 2 & -1 \end{bmatrix}$$

の逆行列を具体的に計算してみましょう．この場合も同様に

$$\begin{bmatrix} 1 & 1 & 2 & 1 & 0 & 0 \\ 2 & 1 & -1 & 0 & 1 & 0 \\ 4 & 2 & -1 & 0 & 0 & 1 \end{bmatrix}$$

から始め，行に関する基本変形を繰り返し計算して

$$\begin{bmatrix} 1 & 0 & 0 & p & q & r \\ 0 & 1 & 0 & s & t & u \\ 0 & 0 & 1 & v & w & x \end{bmatrix}$$

と変形します．このとき右側の3次正方行列が逆行列になります：

$$\begin{bmatrix} 1 & 1 & 2 \\ 2 & 1 & -1 \\ 4 & 2 & -1 \end{bmatrix}^{-1} = \begin{bmatrix} p & q & r \\ s & t & u \\ v & w & x \end{bmatrix}.$$

それでは計算を実行します．基本変形は①から⑦の順に行います．

$$\begin{bmatrix} 1 & 1 & 2 & 1 & 0 & 0 \\ 2 & 1 & -1 & 0 & 1 & 0 \\ 4 & 2 & -1 & 0 & 0 & 1 \end{bmatrix} \xrightarrow[\text{② 3 行から 1 行の 4 倍を引く}]{\text{① 2 行から 1 行の 2 倍を引く}}$$

$$\begin{bmatrix} 1 & 1 & 2 & 1 & 0 & 0 \\ 0 & -1 & -5 & -2 & 1 & 0 \\ 0 & -2 & -9 & -4 & 0 & 1 \end{bmatrix} \xrightarrow[\text{④ 1 行に 2 行を足す}]{\text{③ 3 行から 2 行の 2 倍を引く}}$$

$$\begin{bmatrix} 1 & 0 & -3 & -1 & 1 & 0 \\ 0 & -1 & -5 & -2 & 1 & 0 \\ 0 & 0 & 1 & 0 & -2 & 1 \end{bmatrix} \xrightarrow[\text{⑥ 1 行に 3 行の 3 倍を足す}]{\text{⑤ 2 行に 3 行の 5 倍を足す}}$$

$$\begin{bmatrix} 1 & 0 & 0 & -1 & -5 & 3 \\ 0 & -1 & 0 & -2 & -9 & 5 \\ 0 & 0 & 1 & 0 & -2 & 1 \end{bmatrix} \xrightarrow{\text{⑦ 2 行を }(-1)\text{ 倍する}}$$

$$\begin{bmatrix} 1 & 0 & 0 & -1 & -5 & 3 \\ 0 & 1 & 0 & 2 & 9 & -5 \\ 0 & 0 & 1 & 0 & -2 & 1 \end{bmatrix}$$

となります．したがって逆行列が求まりました：

$$\begin{bmatrix} 1 & 1 & 2 \\ 2 & 1 & -1 \\ 4 & 2 & -1 \end{bmatrix}^{-1} = \begin{bmatrix} -1 & -5 & 3 \\ 2 & 9 & -5 \\ 0 & -2 & 1 \end{bmatrix}.$$

● 正則行列と行列式 ●

正則行列であるかどうかを行列式で判定できます：

$$\text{正方行列 } A \text{ が正則である} \iff \det A \neq 0.$$

理由を説明します．基本変形で逆行列が求められることを利用します．1 回の基本変形で行列式は，0 でない数の定数倍になります（章末参照）．結局，行列式が 0 かどうかは基本変形の前後で変化しません．

一方，正則行列は基本変形を繰り返して単位行列にできます．単位行列の行列式は 1 なので，正則行列の行列式は 0 でありません．

逆に，正方行列 A が正則でないとします．このとき行に関する基本変形を繰り返して，例えば 3 次正方行列なら

$$B = \begin{bmatrix} * & * & * \\ 0 & * & * \\ 0 & 0 & \underline{0} \end{bmatrix}$$

の形になります．下線を引いた 0 がポイントです．サラスの公式より行列式は 0 です．よって正則行列でなければ行列式は 0 になります．

ちなみに，基本変形による行列式の変化を利用して，行列の積の行列式が行列式の積に等しいことが証明できます：

「n 次正方行列 A, B に対して $\det AB = \det A \det B$ である．」

これは行列式に関する重要な性質です．

● 正則行列と連立方程式の解 ●

連立方程式 $A\boldsymbol{x} = \boldsymbol{p}$ の係数行列 A が正則行列であるとき，方程式の辺々に左から A^{-1} を掛けて解が求められます：

$$A^{-1}(A\boldsymbol{x}) = (A^{-1}A)\boldsymbol{x} = E\boldsymbol{x} = \boldsymbol{x} \text{ より } \boldsymbol{x} = A^{-1}\boldsymbol{p}.$$

これが逆行列を用いた解の公式です．1 次方程式 $ax = p$ を $x = \dfrac{p}{a}$ と解くように，連立方程式が解けることがポイントです．

この計算を応用して，正則行列を次のようにも言い換えられます：

$$\begin{aligned} &\text{正方行列 } A \text{ が正則である.} \\ \Longleftrightarrow\ &A\boldsymbol{x} = \boldsymbol{o} \text{ となる解は } \boldsymbol{x} = \boldsymbol{o} \text{ しかない.} \end{aligned}$$

実際，A が正則ならば，上の公式から解は $\boldsymbol{x} = A^{-1}\boldsymbol{o} = \boldsymbol{o}$ となります．逆に A が正則でないとき，36 ページの B のように変形されるので，パラメータを使った解 $(\neq \boldsymbol{o})$ が得られます．正則性は次元公式（15 ページ）を使って階数で言い換えることもできます．

まとめ 7

正方行列 A に対して，次の条件はすべて同値である．

① $AB = BA = E$（単位行列）となる B が存在する（A は正則行列）．

② $\det A \neq 0$.

③ $A\boldsymbol{x} = \boldsymbol{o}$ をみたす解は $\boldsymbol{x} = \boldsymbol{o}$ しかない．

④ $\operatorname{rank} A$ は A の行の個数（= 列の個数）に等しい．

4.4 基本行列

本章では，行列の加法，スカラー倍，乗法を学んできました．ここで基本変形の別の見方を紹介します．

● 基本変形は基本行列の積 ●

行列の基本変形は「基本行列」（後述）を掛けることと同じです：

「基本変形 = 行列の積！」

この関係は重要です．具体的に確認しましょう．

次の 3 つのタイプの正方行列を基本行列といいます．

- 単位行列の 1 つの行をスカラー倍した行列

$$\begin{bmatrix}1&0&0\\0&1&0\\0&0&\alpha\end{bmatrix},\quad \begin{bmatrix}1&0&0\\0&\alpha&0\\0&0&1\end{bmatrix}\ (\alpha\neq 0)\ \text{など}$$

- 単位行列の 1 つの行にほかの行のスカラー倍を足した行列

$$\begin{bmatrix}1&\alpha&0\\0&1&0\\0&0&1\end{bmatrix},\quad \begin{bmatrix}1&0&0\\0&1&0\\\alpha&0&1\end{bmatrix},\quad \begin{bmatrix}1&0&0\\0&1&\alpha\\0&0&1\end{bmatrix}\ \text{など}$$

- 単位行列の 2 つの行を交換した行列

$$\begin{bmatrix}0&1&0\\1&0&0\\0&0&1\end{bmatrix},\quad \begin{bmatrix}0&0&1\\0&1&0\\1&0&0\end{bmatrix},\quad \begin{bmatrix}1&0&0\\0&0&1\\0&1&0\end{bmatrix}$$

これらの行列を左から掛けると，上の • から順に [行倍]，[行和]，[行換] の基本変形ができます．例えば次のようになります：

$$\begin{bmatrix}1&0&0\\0&1&0\\0&0&\alpha\end{bmatrix}\begin{bmatrix}x_1&x_2&x_3\\y_1&y_2&y_3\\z_1&z_2&z_3\end{bmatrix}=\begin{bmatrix}x_1&x_2&x_3\\y_1&y_2&y_3\\\alpha z_1&\alpha z_2&\alpha z_3\end{bmatrix},$$

$$\begin{bmatrix}1&0&\alpha\\0&1&0\\0&0&1\end{bmatrix}\begin{bmatrix}x_1&x_2&x_3\\y_1&y_2&y_3\\z_1&z_2&z_3\end{bmatrix}=\begin{bmatrix}x_1+\alpha z_1&x_2+\alpha z_2&x_3+\alpha z_3\\y_1&y_2&y_3\\z_1&z_2&z_3\end{bmatrix},$$

$$\begin{bmatrix}0&1&0\\1&0&0\\0&0&1\end{bmatrix}\begin{bmatrix}x_1&x_2&x_3\\y_1&y_2&y_3\\z_1&z_2&z_3\end{bmatrix}=\begin{bmatrix}y_1&y_2&y_3\\x_1&x_2&x_3\\z_1&z_2&z_3\end{bmatrix}.$$

● 正則行列と基本行列 ●

基本変形は可逆な操作です．すなわち，基本変形を施した行列を別の基本変形[5]で元に戻すことができます．このことから，基本行列は正則行列である，つまり逆行列を持つことがわかります．さらに基本行列の逆行列も基本行列です．

正則行列の逆行列は基本変形によって求めることができました．よって上の「基本変形 = 基本行列の積」の関係を利用すると，逆行列は基本行列の積であることがわかります．$(A^{-1})^{-1} = A$ より，結局

正則行列は基本行列の有限個の積である

ことがわかります．正則行列は定義より逆行列を持つ行列ですが，どの正則行列も，ごくごく単純な形をした基本行列をいくつか掛けて得られるわけです．その意味で，基本行列は正則行列の素(もと)です．物質を作る原子みたいなものですね．

一方，基本行列を右から掛けると列に関する基本変形になります．列に関する基本変形についても同様のことがわかります．

まとめ 8

基本行列の性質

① 基本行列との積は基本変形と同じである．

② 基本行列は正則行列であり，逆行列も基本行列である．

③ 正則行列は有限個の基本行列の積である．

4.5 複素数など

最後に行列の演算の応用を紹介します．行列を使っていろいろな数を考えてみましょう．

[5]同じ基本変形でもよいです．

● 複素数と行列 ●

さて，複素数とは $a+bi$ （a,b は実数，i は虚数単位）の形の数でした．虚数単位 i とは $i^2=-1$ をみたす数のことでした．ここで，行列

$$I=\begin{bmatrix}0 & -1\\ 1 & 0\end{bmatrix}$$

を考えてみましょう．

$$I^2=\begin{bmatrix}0 & -1\\ 1 & 0\end{bmatrix}^2=\begin{bmatrix}-1 & 0\\ 0 & -1\end{bmatrix}=-E$$

（E は単位行列）が成り立ちます．そこで

$$aE+bI=\begin{bmatrix}a & -b\\ b & a\end{bmatrix}\quad (a,b\text{ は実数})$$

の形の行列は，$I^2=-E$ を用いて，ちょうど複素数 $a+bi$ と同じように計算されます．例えば行列の積は

$$(aE+bI)(cE+dI)=(ac-bd)E+(ad+bc)I$$

となり，複素数の積の形と一致します：

$$(a+bi)(c+di)=(ac-bd)+(ad+bc)i.$$

したがって，仮に複素数を知らなくても，行列について知っていれば，上のような行列で複素数（の代わり）を考えることができます．

それだけではありません．行列 $aE+bI$ の行列式を計算すると

$$\det(aE+bI)=\det\begin{bmatrix}a & -b\\ b & a\end{bmatrix}=a^2+b^2$$

となり，これは複素数の絶対値の 2 乗 $|a+bi|^2=a^2+b^2$ に等しくなります．加減乗が対応するだけでなく，絶対値などの概念も自然に対応します．数学はうまく調和していると思いませんか．

四元数

当時の数学者たちは実数から複素数へと数が拡張されることがわかり，さらに拡張できないか，と考えるようになりました．そしてハミルトン（ウィリアム・ローワン・ハミルトン，1805–1865）が発見したのが四元数（しげんすう）です．四元数は次の形の数です：

$$a + bi + cj + dk, \quad (a, b, c, d \text{ は実数},$$
$$i^2 = j^2 = k^2 = -1, ij = k, ji = -ij)$$

ここで $ij = -ji$ という条件があるので，積は $ab = ba$ をみたさず，行列に似ています．ただ，$0 = 0 + 0i + 0j + 0k$ でない $a + bi + cj + dk$ には，掛けて 1 になる数（逆数）があり，もっと精巧です．つまり

$$(a + bi + cj + dk) \times \frac{a - bi - cj - dk}{a^2 + b^2 + c^2 + d^2} = 1$$

となり，左辺の第 2 項が $a + bi + cj + dk$ の逆数です．

この数も行列で実現できます．複素数の場合と同様にします．今度は行列の成分を複素数で考えます．複素数 $z = a + bi$ に対して，j は

$$jz = j(a + bi) = aj + bji = aj - bij = \overline{z}j, \quad j^2 = -1$$

をみたします．ここで $z = a + bi$ に対して $\overline{z} = a - bi$ と表します．$\overline{z}$ を z の複素共役（ふくそきょうやく）といいます．以上の計算をもとに，

$$z \longleftrightarrow Z = \begin{bmatrix} z & 0 \\ 0 & \overline{z} \end{bmatrix}, \quad j \longleftrightarrow J = \begin{bmatrix} 0 & 1 \\ -1 & 0 \end{bmatrix}$$

と対応させます．また $Z = \begin{bmatrix} z & 0 \\ 0 & \overline{z} \end{bmatrix}$ に対して，$Z = \begin{bmatrix} \overline{z} & 0 \\ 0 & z \end{bmatrix}$ と定義します．このとき

$$JZ = \begin{bmatrix} 0 & 1 \\ -1 & 0 \end{bmatrix} \begin{bmatrix} z & 0 \\ 0 & \overline{z} \end{bmatrix} = \begin{bmatrix} 0 & \overline{z} \\ -z & 0 \end{bmatrix}$$
$$= \begin{bmatrix} \overline{z} & 0 \\ 0 & z \end{bmatrix} \begin{bmatrix} 0 & 1 \\ -1 & 0 \end{bmatrix} = \overline{Z}J. \quad \therefore JZ = \overline{Z}J$$

となります．ここで $z = a + bi, w = c + di$ とおき，四元数を

$$a + bi + cj + dk = (a + bi) + (c + di)j = z + wj$$

と表せば，ちょうど

$$z + wj \longleftrightarrow \begin{bmatrix} z & 0 \\ 0 & \overline{z} \end{bmatrix} + \begin{bmatrix} w & 0 \\ 0 & \overline{w} \end{bmatrix} J = \begin{bmatrix} z & w \\ -\overline{w} & \overline{z} \end{bmatrix}$$

と対応します．これが複素行列による四元数の表現です．ちなみに，$(z + wj)^{-1}$ はこの表現によって逆行列を計算して求めると，

$$\begin{bmatrix} z & w \\ -\overline{w} & \overline{z} \end{bmatrix}^{-1} = \frac{1}{|z|^2 + |w|^2} \begin{bmatrix} \overline{z} & -w \\ \overline{w} & z \end{bmatrix} \longleftrightarrow \frac{a - bi - cj - dk}{a^2 + b^2 + c^2 + d^2}$$

となります．もちろん，先程与えたものと一致しています．

実は，四元数はこれ以上拡張できないことが知られています（フロベニウスの定理）．しかし話はこれで終わりではなく，$a, b, c, \ldots$ として実数の代わりに，有理数に限定すると，もっと拡張できます．

本章では行列の加減乗，スカラー倍などの代数的な性質を紹介しました．行列の演算は奥が深いと思いませんか．この奥深さは行列の本質，つまり，線形写像から来ています．線形写像は第6章で説明します．さらに行列の本質に向かって，先へ進みましょう．

できるかな？　演習問題（解答は 169 ページ）

次を計算し，結果を比較せよ．

(1) $|(a + bi)(c + di)|$　(2) $\det \begin{bmatrix} a & -b \\ b & a \end{bmatrix} \begin{bmatrix} c & -d \\ d & c \end{bmatrix}$

第4章の補足

- 基本変形による行列式の変化

3次正方行列で説明します．

[行倍] では多重線形性よりスカラー倍が出ます：

$$\det\begin{bmatrix}\alpha a_1 & \alpha a_2 & \alpha a_3\\ b_1 & b_2 & b_3\\ c_1 & c_2 & c_3\end{bmatrix} = \alpha\det\begin{bmatrix}a_1 & a_2 & a_3\\ b_1 & b_2 & b_3\\ c_1 & c_2 & c_3\end{bmatrix}$$

(1 行から α 倍をくくり出す)

[行換] では交代性より符号が変わります：

$$\det\begin{bmatrix}a_1 & a_2 & a_3\\ b_1 & b_2 & b_3\\ c_1 & c_2 & c_3\end{bmatrix} = -\det\begin{bmatrix}a_1 & a_2 & a_3\\ c_1 & c_2 & c_3\\ b_1 & b_2 & b_3\end{bmatrix}$$

(2 行と 3 行を交換する)

[行和] では行列式は変化しません：

$$\det\begin{bmatrix}a_1 & a_2 & a_3\\ b_1+\alpha a_1 & b_2+\alpha a_2 & b_3+\alpha a_3\\ c_1 & c_2 & c_3\end{bmatrix}$$

$$=\det\begin{bmatrix}a_1 & a_2 & a_3\\ b_1 & b_2 & b_3\\ c_1 & c_2 & c_3\end{bmatrix} + \alpha\det\begin{bmatrix}a_1 & a_2 & a_3\\ a_1 & a_2 & a_3\\ c_1 & c_2 & c_3\end{bmatrix} = \det\begin{bmatrix}a_1 & a_2 & a_3\\ b_1 & b_2 & b_3\\ c_1 & c_2 & c_3\end{bmatrix}$$

(多重線形性)　　　　(交代性)

勉強のあいまに — 体の概念

本章の始めに体の概念を紹介しました．このような公理化が行われたのは，数学の長い歴史からみればごく最近（！）のことです．19 世紀の終わりころ（今から百数十年前）です．代数学の抽象的な定式化が進むなか，いろいろな数学者によって体の公理が提唱され，現在の形になりました．高木貞治氏も同時期に特別な体（標数 0 の代数的閉体）を抽象的に定義し，代数学の基礎にしようと述べています（『東京物理学校雑誌』第 7 巻 74 号，33–36 ページ，1898 年）．

第5章
数矢 登場！
数ベクトル空間

これまで，行列の計算を中心に説明してきました．式をコツコツと変形したり，行列式でパッと変形したりしました．いずれの方法にしても，式を眺めて考えるので，図のようなイメージがわいてきません．

そこで，図を描いて直観的に理解するアプローチについて説明しましょう．数ベクトルを利用する方法です．

5.1 幾何ベクトルと数ベクトル

ベクトルとは?

はじめにベクトルについて説明しましょう．ベクトルという用語は，ハミルトンが考えた言葉です．意味は「向きと大きさ」を持つ量です．例えば矢印を考えてください（図 5.1）．矢印には向きと長さ（=大きさ）があります．この矢印がベクトルを考える出発点です．これから話が進むにつれ，矢印以外でもベクトルと呼ぶようになります．

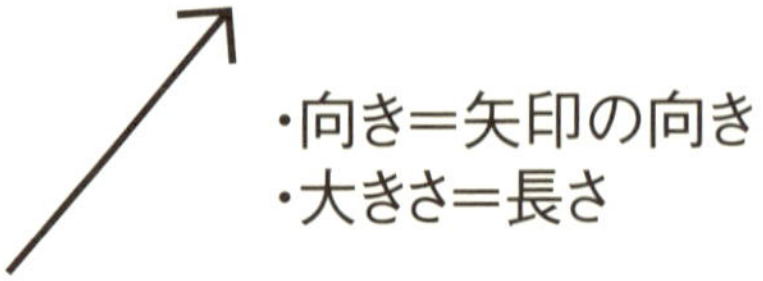

図 5.1 矢印（幾何ベクトル）

● 幾何ベクトル ●

矢印のことを，矢線（やせん）ベクトルや幾何（きか）ベクトルといいます．「幾何」という語は図形のことを意味します．

こんな矢印でどんな数学ができるのだろうか，と疑問に思うかもしれません．矢印をのばしたり，つなげたりする操作が，あたかも数のかけ算やたし算のように扱えて，幾何的な操作が式で扱えるようになります（図 5.2）．この点がベクトルの優れた点です．

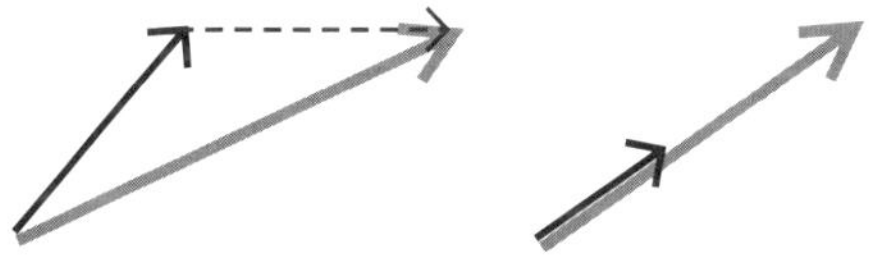

図 5.2 幾何ベクトルのたし算，スカラー倍

「また式？」と思ったかもしれません．しかしながら，複雑なことを式の計算にうまく帰着させるのは，数学ではよくすることです．式は複雑なことでも機械的に処理して整理できるからです．式は便利だと思いませんか．

それでは高校の教科書にあるような例題を紹介します．

例題 三角形の 3 本の中線（頂点と向い合う辺の中点を結んだ線分）は 1 点で交わることを証明せよ．

解答を考えましょう．図 5.3 のように三角形 OAB を書き，O から A へ引いたベクトルを $\boldsymbol{a}$，O から B へ引いたベクトルを $\boldsymbol{b}$ とおき，AB, OA, OB の中点をそれぞれ L, M, N とします．

線分 AN 上の点は $s\boldsymbol{a}+(1-s)\left(\frac{1}{2}\boldsymbol{b}\right)$ $(0\leq s\leq 1)$ と表されます[1]．同様に線分 BM 上の点は $t\left(\frac{1}{2}\boldsymbol{a}\right)+(1-t)\boldsymbol{b}$ $(0\leq t\leq 1)$ と表されま

[1] まだ，この表示を習っていない人は，図において「線分 AB 上の点は $t\boldsymbol{a}+(1-t)\boldsymbol{b}$ と表される」ことを認めて進んでください．あるいは飛ばしてもあまり差し支えありません．

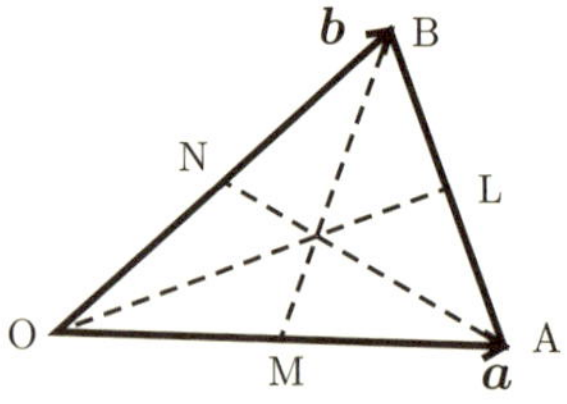

図 5.3　例題

す．したがって2つの線分の交点は，

$$s\boldsymbol{a} + (1-s)\left(\frac{1}{2}\boldsymbol{b}\right) = t\left(\frac{1}{2}\boldsymbol{a}\right) + (1-t)\boldsymbol{b}$$

を解いて求められます．$\boldsymbol{a}, \boldsymbol{b}$ は平行でないので，各係数を比較して

$$s = \frac{1}{2}t, \quad \frac{1}{2}(1-s) = 1-t$$

とできます．これを解くと $s = \frac{1}{3}, t = \frac{2}{3}$ となります．よって交点は

$$\frac{1}{3}\boldsymbol{a} + \left(1 - \frac{1}{3}\right)\left(\frac{1}{2}\boldsymbol{b}\right) = \frac{1}{3}\boldsymbol{a} + \frac{1}{3}\boldsymbol{b} = \frac{2}{3}\left(\frac{1}{2}\boldsymbol{a} + \frac{1}{2}\boldsymbol{b}\right)$$

となります．OからLへ引いたベクトルは $\frac{1}{2}\boldsymbol{a} + \frac{1}{2}\boldsymbol{b}$ なので，AN, BM の交点は線分OL上にあります．（証明終わり）

● 数ベクトル ●

平面に座標を入れると，幾何ベクトルを数の組で表すことができます．この数の組が数（すう）ベクトルです（図5.4）．「数の組」ですが，幾何ベクトルのイメージを重ねて，数ベクトルと呼びます．

座標の効果は，幾何ベクトルで扱う幾何が，数の組である数ベクトルの計算（代数）で考えられることです．例えば，数ベクトルの和やスカラー倍は数の和や積で求められます：

$$[\text{和}] \quad \begin{bmatrix} a \\ b \end{bmatrix} + \begin{bmatrix} c \\ d \end{bmatrix} = \begin{bmatrix} a+c \\ b+d \end{bmatrix}$$

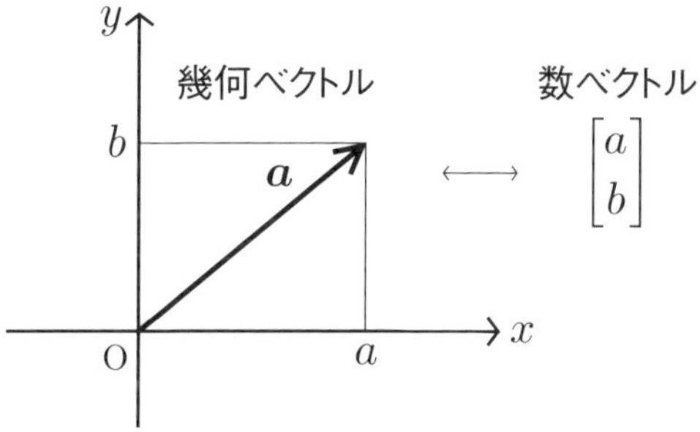

図 5.4 数ベクトル

$$[\text{スカラー倍}] \quad \alpha \begin{bmatrix} a \\ b \end{bmatrix} = \begin{bmatrix} \alpha a \\ \alpha b \end{bmatrix}$$

これらは幾何ベクトルの和（つなぐ），スカラー倍（のばす）にちょうど対応しています．まさに幾何の直観と数の算術の共演ですね．

実は数ベクトルはずっと強力でさまざまな状況で活躍します．

5.2 行列と数ベクトル空間

連立 1 次方程式が行列で整理されたころ，数ベクトルも考えられるようになりました．これらは，イギリスの数学者シルベスターやケーリーらによって始められた数学です．彼らは弁護士もしていました．表のように数が並んだ行列と難しい法律に，何らかの共通点があったのでしょうか？

行列も数ベクトルも数が並んだもので，連立 1 次方程式から直接結びつくものです．とてもわかりやすく，広く利用されていきました．

一方で，抽象的に数ベクトル空間を扱う方法も，同時期にドイツの数学者グラスマン（ヘルマン・グラスマン，1809—1877 ）によって考えられました．こちらは，半世紀以上も経て（！），ようやく理解され，その重要性が認識されました．今日では線形代数と言えば，多くの場合，グラスマン流で説明されています．グラスマン流では，数ベクトル空間は単に線形空間の一例にすぎません．本書の最後でグラスマン流の話をします．ちなみにベクトルを太文字 $\boldsymbol{a}, \boldsymbol{b}, \boldsymbol{c}, \ldots$ と表す流儀もグラスマンに始まるそうです．（$\vec{a}, \vec{b}, \vec{c}, \ldots$ はハミルトン！）

5.3 数ベクトル空間と部分空間

それでは数ベクトル空間について，詳しく紹介しましょう．数の組を数ベクトルといい，その集まりを数ベクトル空間といいます．n 個の数の組はより詳しく n 次元数ベクトルといい，その集まりを n 次元数ベクトル空間といいます．例えば

1 次元数ベクトル	2 次元数ベクトル	3 次元数ベクトル	4 次元数ベクトル
$\begin{bmatrix} x \end{bmatrix}$	$\begin{bmatrix} x_1 \\ x_2 \end{bmatrix}$	$\begin{bmatrix} x_1 \\ x_2 \\ x_3 \end{bmatrix}$	$\begin{bmatrix} x_1 \\ x_2 \\ x_3 \\ x_4 \end{bmatrix}$

はみな数ベクトルです．4 次元以上は想像しにくいかもしれませんが，いくらでも考えることができます．

連立 1 次方程式の解の集合は，座標空間では直線や平面になっています．解の表示ではベクトルの 1 次結合が重要です．有限個のベクトル $\boldsymbol{a}, \boldsymbol{b}, \boldsymbol{c}, \ldots$ の 1 次結合とは，

$$\alpha\boldsymbol{a} + \beta\boldsymbol{b} + \gamma\boldsymbol{c} + \cdots \quad (\alpha, \beta, \gamma, \ldots \text{ は数})$$

のことです．ここで $\alpha, \beta, \gamma, \ldots$ を 1 次結合の係数といいます．1 次結合を用いて直線や平面を一般化します．この一般化を部分空間といいます：

定義　部分空間とは，数ベクトル空間の部分集合で，原点 $\boldsymbol{o}$ を含み，1 次結合に関して閉じた集合のことである．つまり次の条件①，②をみたす部分集合 V を部分空間という：

① V は $\boldsymbol{o}$ を含む.

② V に含まれる任意の 2 つのベクトルの 1 次結合も V に入る.（これを「V は 1 次結合に関して閉じている」という.）

座標空間では，原点を通る直線や平面が部分空間の例です．また，原点のみからなる集合や座標空間自身も部分空間の例です（図 5.5）.

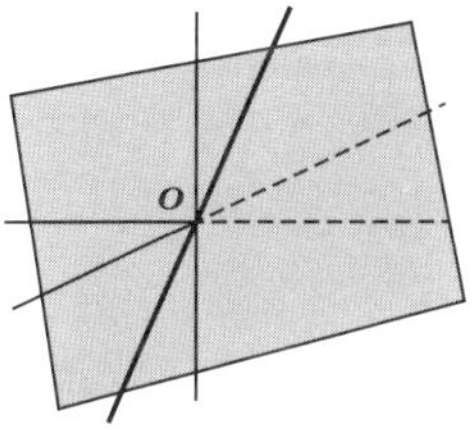

図 5.5 座標空間の部分空間

原点を通らないと，スカラー倍をして「外に飛び出して」しまい，部分空間になりません（図 5.6）.

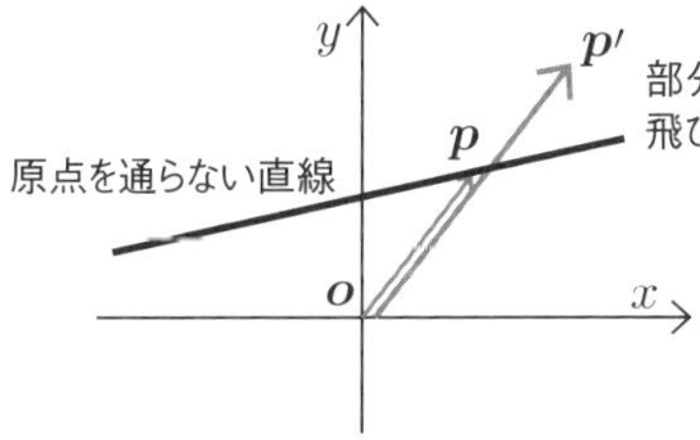

図 5.6 原点を通らないと部分空間にならない

● 部分空間の重要な例 ●

部分空間の定義では，「○○××をみたす部分集合」と述べています．この述べ方は抽象的でよくわからないかもしれません．具体例を 2 つ考えましょう．

① 連立方程式で定義される例

例えば，$x + y + z = 0$ で定まる平面 π を考えます[2]．この平面は

---

[2] $x + y + z = 0$ をみたす (x, y, z) 全体が平面になることは，52 ページの説明を参考にしてください.

$\boldsymbol{o} = \begin{bmatrix} 0 \\ 0 \\ 0 \end{bmatrix}$ を含みます．なぜならば $0+0+0=0$ だからです．

また，この平面上の 2 点が $\boldsymbol{a} = \begin{bmatrix} a_1 \\ a_2 \\ a_3 \end{bmatrix}, \boldsymbol{b} = \begin{bmatrix} b_1 \\ b_2 \\ b_3 \end{bmatrix}$ と表されていれば，$\alpha\boldsymbol{a} + \beta\boldsymbol{b}$ は π 上の点を表します（図 5.7）．

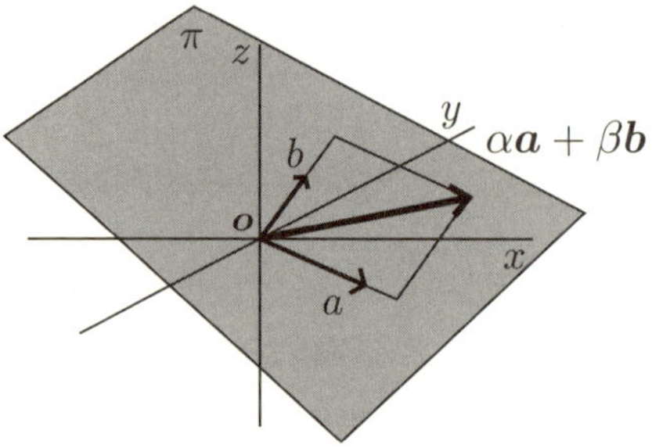

図 5.7　座標空間の平面は部分空間

図から明らかですが，計算でも確かめてみましょう．この 2 点は平面 π 上にあるので，

$$a_1 + a_2 + a_3 = 0, \quad b_1 + b_2 + b_3 = 0$$

をみたします．したがって $\alpha\boldsymbol{a} + \beta\boldsymbol{b} = \begin{bmatrix} \alpha a_1 + \beta b_1 \\ \alpha a_2 + \beta b_2 \\ \alpha a_3 + \beta b_3 \end{bmatrix}$ は

$$\begin{aligned} &(\alpha a_1 + \beta b_1) + (\alpha a_2 + \beta b_2) + (\alpha a_3 + \beta b_3) \\ &= (\alpha a_1 + \alpha a_2 + \alpha a_3) + (\beta b_1 + \beta b_2 + \beta b_3) \\ &= \alpha(a_1 + a_2 + a_3) + \beta(b_1 + b_2 + b_3) \\ &= 0 + 0 = 0 \end{aligned}$$

をみたします．したがって $\alpha\boldsymbol{a} + \beta\boldsymbol{b}$ も π 上にあります．

以上により（1 次式 $= 0$）で定まる平面は部分空間です．同様に，

いくつかの（1 次式 $= 0$）をみたす点全体は部分空間

になっています．例えば

$$\begin{cases} x+y+z=0 \\ x-y+z=0 \end{cases}$$

をみたす点 $\begin{bmatrix} x \\ y \\ z \end{bmatrix}$ は直線になります．実際に方程式を解くと，解は $\begin{bmatrix} 1 \\ 0 \\ -1 \end{bmatrix}$ のスカラー倍です．

② ベクトルの1次結合全体

例えばベクトル $\boldsymbol{a}, \boldsymbol{b}$ に対して，$\boldsymbol{a}, \boldsymbol{b}$ の1次結合全体，すなわち $\alpha\boldsymbol{a}+\beta\boldsymbol{b}$ の形のベクトル全体のなす集合 W は部分空間です（図 5.8）．

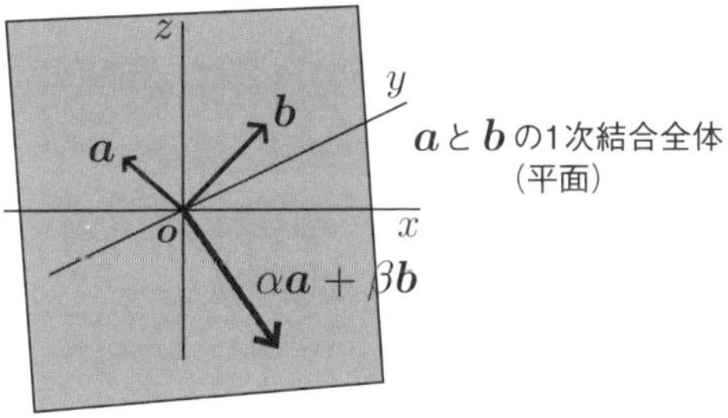

図 5.8　1次結合全体は部分空間

確認しましょう．まず $0\boldsymbol{a}+0\boldsymbol{b}=\boldsymbol{o}$ なので原点 $\boldsymbol{o}$ を含みます．また $\alpha\boldsymbol{a}+\beta\boldsymbol{b}$, $\alpha'\boldsymbol{a}+\beta'\boldsymbol{b}$ に対して，

$$\begin{aligned} \gamma(\alpha\boldsymbol{a}+\beta\boldsymbol{b})+\gamma'(\alpha'\boldsymbol{a}+\beta'\boldsymbol{b}) &= \gamma\alpha\boldsymbol{a}+\gamma\beta\boldsymbol{b}+\gamma'\alpha'\boldsymbol{a}+\gamma'\beta'\boldsymbol{b} \\ &= (\alpha\gamma+\alpha'\gamma')\boldsymbol{a}+(\beta\gamma+\beta'\gamma')\boldsymbol{b} \end{aligned}$$

ですから，W は1次結合に関して閉じています．よって W は部分空間です．同様に，

与えられたベクトルについて，
それらの1次結合全体は部分空間

になっています．

上の 2 つのタイプの例が基本的です．実は，すべての部分空間は両方の形で表せます．例えば，$x+y+z=0$ をみたす点のなす平面 π では，π 上の点は $z=-x-y$ より，

$$\begin{bmatrix} x \\ y \\ z \end{bmatrix} = \begin{bmatrix} x \\ y \\ -x-y \end{bmatrix} = \begin{bmatrix} x \\ 0 \\ -x \end{bmatrix} + \begin{bmatrix} 0 \\ y \\ -y \end{bmatrix} = x\begin{bmatrix} 1 \\ 0 \\ -1 \end{bmatrix} + y\begin{bmatrix} 0 \\ 1 \\ -1 \end{bmatrix}$$

と 1 次結合の形で表されます．この書き換えは，連立方程式の解をパラメータを使って表すことに対応しています．

まとめ 9 〜〜〜〜〜〜〜〜〜〜〜〜〜〜〜〜〜〜〜〜〜〜〜〜〜〜〜〜

① n 次元数ベクトル空間：

たてに n 個並べた組全体（$n \times 1$ 行列全体）のこと．

② 数ベクトル空間の部分空間：

$\boldsymbol{o}$ を含み，1 次結合に関して閉じた部分集合のこと．

③ 部分空間の例： (a) 連立 1 次方程式（定数項 $=0$）の解全体．

(b) 与えられたベクトルの 1 次結合全体．

〜〜〜〜〜〜〜〜〜〜〜〜〜〜〜〜〜〜〜〜〜〜〜〜〜〜〜〜〜〜〜〜

5.4 部分空間に座標を入れる

座標空間内の平面は，座標を入れると，座標平面のように扱えます．

「座標を入れる」

これはとても大事な考え方です．

● 座標と基底 ●

そこで部分空間にも座標を導入します．ポイントは次のとおりです：

座標のポイント

① すべての点が数の組で表せる．

② その表示が一意的（一通り）である．

数の組でただひとつの点が決まらないと，座標の意味がないですね．

さて，ここで問題です！ 部分空間に座標を入れるには，①,②をどう表現したらよいでしょうか．

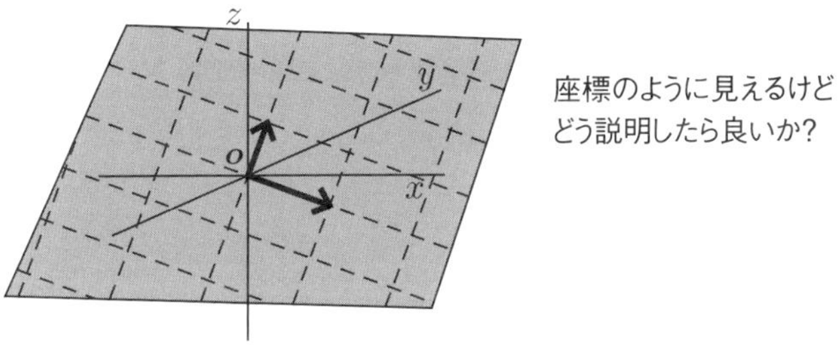

図 5.9　座標をベクトルで表すと……？

ポイントはベクトルの１次結合です！ ３次元数ベクトル空間（座標空間）で考えてみます．数ベクトル $\begin{bmatrix} a \\ b \\ c \end{bmatrix}$ を

$$\begin{bmatrix} a \\ b \\ c \end{bmatrix} = a\begin{bmatrix} 1 \\ 0 \\ 0 \end{bmatrix} + b\begin{bmatrix} 0 \\ 1 \\ 0 \end{bmatrix} + c\begin{bmatrix} 0 \\ 0 \\ 1 \end{bmatrix} \quad \text{（１次結合）}$$

と３つのベクトルの１次結合と解釈します．１次結合の係数 a, b, c がちょうど座標の成分に対応しています．

この解釈をもとに，３つのベクトル $\boldsymbol{a}, \boldsymbol{b}, \boldsymbol{c}$ の１次結合の係数が座標になるために，条件①, ②を次のように述べます：

① すべてのベクトルは $\boldsymbol{a}, \boldsymbol{b}, \boldsymbol{c}$ の１次結合で表される．
② ①の１次結合は一意的である．

条件①, ②をみたす $\boldsymbol{a}, \boldsymbol{b}, \boldsymbol{c}$ を基底といいます．以上の説明から，

基底とは部分空間の座標軸である

と理解できます．

● 次元 ●

部分空間 V の基底をなすベクトルの個数を次元といい，$\dim V$ と表します．基底は部分空間の座標軸の働きをしていました．ですから座標軸の個数がちょうど部分空間の次元というわけです．

次元は部分空間の大きさを表す重要な数です．この数の大事な応用に次の命題があります：

命題 部分空間 V は部分空間 W を含み，かつ，V と W の次元が等しいとき，V と W は一致する．

直観的には明らかです[3]．実際，仮に $V \neq W$ とすると，V の方がたくさんの座標軸を必要とするので，$\dim V = \dim W$ に矛盾します．この命題は単純ですがとても有用です．

● 補足．基底の定義 — 大学の教科書では — ●

部分空間に対して，基底の定義は次のようになります．

定義 部分空間 V のベクトル $\boldsymbol{a}_1, \ldots, \boldsymbol{a}_n$ が次の条件①, ②をみたすとき，$\boldsymbol{a}_1, \ldots, \boldsymbol{a}_n$ を V の基底という：

① V のすべてのベクトルが $\boldsymbol{a}_1, \ldots, \boldsymbol{a}_n$ の 1 次結合で表される．

② ①の 1 次結合は一意的である．

本文の説明では，V として座標空間の場合を説明しました．一般に，「任意の部分空間に対して基底が存在すること」が知られています．

まとめ 10 〜〜〜〜〜〜〜〜〜〜〜〜〜〜〜〜〜〜〜〜〜〜〜〜〜〜〜〜〜〜

部分空間は，ある有限個の 1 次独立なベクトルの 1 次結合全体になる．この有限個のベクトルを部分空間の基底という．基底は部分空間の座標軸の働きをする．そこで，基底をなすベクトルの個数（すなわち座標軸の個数）を部分空間の次元という．

〜〜〜〜〜〜〜〜〜〜〜〜〜〜〜〜〜〜〜〜〜〜〜〜〜〜〜〜〜〜〜〜〜〜〜

---

[3] 数学的に厳密に議論を始めると，論理的に詰めないといけないので，結構やっかいです．ここでは省略します．

5.5 1次独立と階数

基底の定義で考えた条件②（1次結合の表示の一意性）を詳しく説明します．

● 1次独立について ●

基底の定義の条件②について補足します．条件②は1次独立の定義を与えます：

定義 $\boldsymbol{a}, \boldsymbol{b}, \boldsymbol{c}$ が1次独立であるとは，

「$\alpha\boldsymbol{a} + \beta\boldsymbol{b} + \gamma\boldsymbol{c} = \alpha'\boldsymbol{a} + \beta'\boldsymbol{b} + \gamma'\boldsymbol{c}$ ならば
$\alpha = \alpha', \beta = \beta', \gamma = \gamma'$ をみたす」$\cdots$ (c)

ことである（ベクトルの個数が $2, 3, \ldots$（有限個）の場合も同様）．

さて，多くの教科書では1次独立の定義を

「$\alpha\boldsymbol{a} + \beta\boldsymbol{b} + \gamma\boldsymbol{c} = \boldsymbol{o}$ をみたす α, β, γ は
$\alpha = 0,\ \beta = 0,\ \gamma = 0$ しかない」$\cdots$ (o)

としています．実は (c) と (o) は同値です．証明します．

まず (o) は，(c) において $\boldsymbol{o} = 0\boldsymbol{a} + 0\boldsymbol{b} + 0\boldsymbol{c}$ の1次結合の一意性を意味します．したがって (c) から (o) が従います．

逆に，(o) を仮定して (c) を導きます．

$$\alpha\boldsymbol{a} + \beta\boldsymbol{b} + \gamma\boldsymbol{c} = \alpha'\boldsymbol{a} + \beta'\boldsymbol{b} + \gamma'\boldsymbol{c}$$

と仮定します．このとき右辺を左辺に移項して

$$(\alpha - \alpha')\boldsymbol{a} + (\beta - \beta')\boldsymbol{b} + (\gamma - \gamma')\boldsymbol{c} = \boldsymbol{o}$$

を得ます．ここで (o) を適用すると，

$$\alpha - \alpha' = 0,\ \beta - \beta' = 0,\ \gamma - \gamma' = 0$$

がわかります．したがって (c) が導かれました．（証明終わり）

● 余談．現代数学 — 洗練された定義 — ●

ところで (o) の条件は，一種おまじないのような条件で，初めて学ぶときにとまどってしまいます．一方 (c) の条件は，座標の特徴を翻訳したと思うと非常に自然な条件です．

しかし多くの教科書では，1次独立の定義として (o) を採用しています．その理由は，(o) が (c) に比べて単純だからです．すべてのベクトルではなく，$\boldsymbol{o}$ についてだけ条件を述べているからです．

単純な方が論理的な展開に便利です．また (o) の主張は (c) の主張より，効率良く洗練されている，と考えることもできます．

現代数学では，このように，単純な言い換えや洗練された条件で述べられることが多いです．そのため初めて学ぶ人を迷子にさせてしまうこともしばしばあります．処方箋は「わからないときは少し辛抱して，見通しがよくなったところで復習する」ことでしょうか．もっと効果的なのは「わかる人に聞く」ことですが．

● 1次独立と階数 ●

部分空間の次元と階数について説明します．簡単のため

$$\boldsymbol{a} = \begin{bmatrix} a_1 \\ a_2 \\ a_3 \end{bmatrix}, \boldsymbol{b} = \begin{bmatrix} b_1 \\ b_2 \\ b_3 \end{bmatrix}, \boldsymbol{c} = \begin{bmatrix} c_1 \\ c_2 \\ c_3 \end{bmatrix}, \boldsymbol{d} = \begin{bmatrix} d_1 \\ d_2 \\ d_3 \end{bmatrix}$$

として，V が $\boldsymbol{a}, \boldsymbol{b}, \boldsymbol{c}, \boldsymbol{d}$ の1次結合全体である場合に説明します．4つのベクトルを横に並べてできる行列を

$$A = [\boldsymbol{a}\ \boldsymbol{b}\ \boldsymbol{c}\ \boldsymbol{d}] = \begin{bmatrix} a_1 & b_1 & c_1 & d_1 \\ a_2 & b_2 & c_2 & d_2 \\ a_3 & b_3 & c_3 & d_3 \end{bmatrix}$$

とおきます．この小節の結論は

V の次元は A の階数に等しい，すなわち

$$\dim(\boldsymbol{a}, \boldsymbol{b}, \boldsymbol{c}, \boldsymbol{d} \text{ の1次結合全体}) = \mathrm{rank}[\boldsymbol{a}\ \ \boldsymbol{b}\ \ \boldsymbol{c}\ \ \boldsymbol{d}]$$

ということです．理由を簡単に説明しましょう．連立方程式

$$x\boldsymbol{a} + y\boldsymbol{b} + z\boldsymbol{c} + w\boldsymbol{d} = \boldsymbol{o} \tag{$*$}$$

を解きます．これは 2.3 節のとおり，A の既約行階段形を計算して解きます．例えば，A の既約行階段形が

$$\begin{bmatrix} 1 & 0 & \alpha_1 & \beta_1 \\ 0 & 1 & \alpha_2 & \beta_2 \\ 0 & 0 & 0 & 0 \end{bmatrix} \tag{$**$}$$

となったとします．このとき x, y, z, w の方程式に戻して，かなめを係数にする x, y について解くと

$$\begin{cases} x = -\alpha_1 z - \beta_1 w \\ y = -\alpha_2 z - \beta_2 w \end{cases} \tag{$*$}'$$

が得られます．z, w は解を表すパラメータになります．$z = 1,\ w = 0$ の解は $x = -\alpha_1,\ y = -\alpha_2$ なので，$(*)$ では

$$-\alpha_1\boldsymbol{a} - \alpha_2\boldsymbol{b} + \boldsymbol{c} = \boldsymbol{o} \quad \therefore\ \boldsymbol{c} = \alpha_1\boldsymbol{a} + \alpha_2\boldsymbol{b}$$

となります．同様に $z = 0,\ w = 1$ の解より

$$-\beta_1\boldsymbol{a} - \beta_2\boldsymbol{b} + \boldsymbol{d} = \boldsymbol{o} \quad \therefore\ \boldsymbol{d} = \beta_1\boldsymbol{a} + \beta_2\boldsymbol{b}$$

が得られます．よって $\boldsymbol{a}, \boldsymbol{b}, \boldsymbol{c}, \boldsymbol{d}$ の 1 次結合は $\boldsymbol{a}, \boldsymbol{b}$ の 1 次結合で表されます：

$$\begin{aligned} \alpha\boldsymbol{a} + \beta\boldsymbol{b} + \gamma\boldsymbol{c} + \delta\boldsymbol{d} =& \alpha\boldsymbol{a} + \beta\boldsymbol{b} + \gamma(\alpha_1\boldsymbol{a} + \alpha_2\boldsymbol{b}) + \delta(\beta_1\boldsymbol{a} + \beta_2\boldsymbol{b}) \\ =& (\alpha + \gamma\alpha_1 + \delta\beta_1)\boldsymbol{a} + (\beta + \gamma\alpha_2 + \delta\beta_2)\boldsymbol{b}. \end{aligned}$$

これより $\boldsymbol{a}, \boldsymbol{b}$ は V の基底の条件①をみたします．

一方，$\boldsymbol{a}, \boldsymbol{b}$ は 1 次独立です．$\alpha\boldsymbol{a} + \beta\boldsymbol{b} = \boldsymbol{o}$ とすると，$(*)$ の解では $z = w = 0$ の解に相当します．したがって $(*)'$ に $z = w = 0$ を代入

して $\alpha = 0, \beta = 0$ が得られます．ゆえに $\boldsymbol{a}, \boldsymbol{b}$ は 1 次独立であり，V の基底の条件 ②をみたします．

以上により $\boldsymbol{a}, \boldsymbol{b}$ は V の基底であることがわかります．よって V の次元 $\dim V$ は $(**)$ のかなめの個数，すなわち $[\boldsymbol{a}\ \boldsymbol{b}\ \boldsymbol{c}\ \boldsymbol{d}]$ の階数に等しくなります．

このように行列の階数には，部分空間の次元という意味があります．

以上の考察は一般の場合にもあてはまります．

まとめ 11

数ベクトル空間の部分空間の次元と基底

① $\boldsymbol{a}_1, \cdots, \boldsymbol{a}_n$ の 1 次結合全体のなす部分空間の次元は $A = [\boldsymbol{a}_1\ \cdots\ \boldsymbol{a}_n]$ の階数に等しい．したがって A の行階段形から計算できる：

$$A \text{ の階数} = A \text{ の行階段形のかなめの個数}.$$

② ①の部分空間の基底として，これらのベクトルのうち，$A = [\boldsymbol{a}_1\ \cdots\ \boldsymbol{a}_n]$ の既約行階段形においてかなめの出る列がとれる（個数は A の階数）．

最後に本章の内容を図 5.10 で整理して終わります．

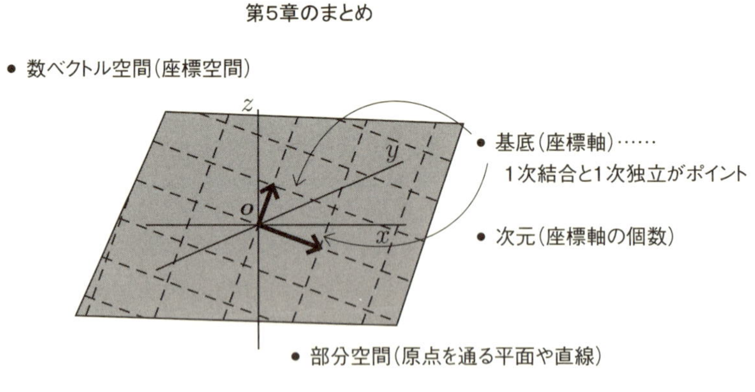
第5章のまとめ
• 数ベクトル空間（座標空間）
z
y
o
x
• 基底（座標軸）……
1次結合と1次独立がポイント
• 次元（座標軸の個数）
• 部分空間（原点を通る平面や直線）

図 5.10　第 5 章のまとめ

できるかな？　演習問題　（解答は 169 ページ）

(1) $x+2y-z=0$ の解全体のなす部分空間の基底を求めよ．

(2) 次のベクトルの 1 次結合全体のなす部分空間の次元を求めよ．

$$\begin{bmatrix} -5 \\ -1 \\ 2 \end{bmatrix},\ \begin{bmatrix} 1 \\ 0 \\ -2 \end{bmatrix},\ \begin{bmatrix} -11 \\ -2 \\ 6 \end{bmatrix},\ \begin{bmatrix} 6 \\ 1 \\ -4 \end{bmatrix}$$

勉強のあいまに — 講義の感想

大学で線形代数の講義をすると，学生の感想はこんな感じです：

「線形代数はよくわからない」

「何をやっているのか，わからない」

「こんな勉強，何の意味があるのか」……

みなさんの感想はどうですか？

こういう感想のあと，もっと詳しく尋ねてみると，こんな会話でしょうか？

先生 どんなところがわからないですか．

学生 部分空間とか……

先生 部分空間の定義とか例ですか？

学生 定義とか例はわかるんですけど，何のためにやっているのか，わかりません．

先生 まったくそのとおりですね．部分空間は原点を通る直線とか平面だ，といっても，「だから何？」って感じですよね．（学生の説明に納得してしまう）

学生 ええ，そんな感じです．……

それから，基底もわかりません．いったい何ですか，基底って？

（調子がでてきたのか，気分が高揚してきて語気が強くなる）

先生 基底ですか．（だんだん気弱になる）

学生 はい，そうです．

先生 基底っていうと，平面や空間に座標軸を決めるようなものと思えばいいんですけど……（気の弱い返事になっている）

学生 そういう説明自身はよくわかりますが……（少し悩んでいる様子で）でも，それがどうした？ って感じなんです．勉強している意義がわからない，っていうか，勉強する気がおきない……

先生 ……（反省）　　（会話終了）

確かに部分空間の話ばかりでは，見通しが悪く，応用がみえてきません．線形代数のいいところは，抽象的な概念をさまざまな状況で応用できることです．ですが，「抽象的」な概念を理解するのは慣れないとなかなか難しいものです．

そこで，部分空間を利用して基本概念のトレーニングを積んでから，線形代数の完成版へステップアップしようと思います．よろしくお願いします．

A. Cayley, "A memoir on the theory of matrices"（全集 II, 475–476）から

THE term matrix might be used in a more genral sense, but in the present memoir I consider only square and rectangular matrices, and the term matrix used without qualification is to be understood as meaning a square matrix; in this restricted sense, a set of quantities arranged in the form of a square, e.g.

$$\begin{array}{c} (\;a\;,\;\;b\;,\;\;c\;\;) \\ \left|\begin{array}{ccc} a', & b', & c' \\ a'', & b'', & c'' \end{array}\right| \end{array}$$

is said to be a matrix. The notion of such a matrix arises naturally from an abbreviated notation for a set of linear equations, viz. the equations

$$\begin{aligned} X &= ax \;\;+ by \;\;+ cz\;\;, \\ Y &= a'x + b'y + c'z\,, \\ Z &= a''x + b''y + c''z, \end{aligned}$$

may be more simply represented by

$$(X,Y,Z) = \begin{array}{c} (\;a\;,\;\;b\;,\;\;c\;\;) \\ \left|\begin{array}{ccc} a', & b', & c' \\ a'', & b'', & c'' \end{array}\right| \end{array} (x,y,z)$$

and the consideration of such a system of equations leads to most of the fundamental notions in the theory of matrices. It will be seen that matrices (attending only to those of the same order) comport themselves as single quantities; they may be added, multiplied or compounded together, &c.

第6章 像が写る仕掛け

線形写像

線形代数において，重要な対象が２つあります．１つは，これまで学んできたベクトルです．もう１つは，これから説明する線形写像です．線形写像は線形な性質を持った写像のことですが，そもそも「写像」という言葉を初めて知った読者も多いかと思います．

「写像」は関数を一般化した概念です．すなわち集合の元から集合の元をただ１つ定める対応のことです．関数は，数の集合から数の集合への写像になります．

現代数学では，写像は集合や元とともに基本的な考え方です．線形代数で重要な写像は線形写像という写像です．本章で紹介します．

6.1 写像

写像について説明します．写像は関数を一般化した概念です．しかし関数ほどは聞いたことがないかもしれません．

写像の定義

集合 X から集合 Y への写像とは，X の任意の元に対して，Y の元がただ１つ定まる対応のことです．また X をその写像の定義域，Y をその写像の値域といいます（図 6.1）．

写像を記号で表す場合，文字（例えば f, g など）で表したり，より

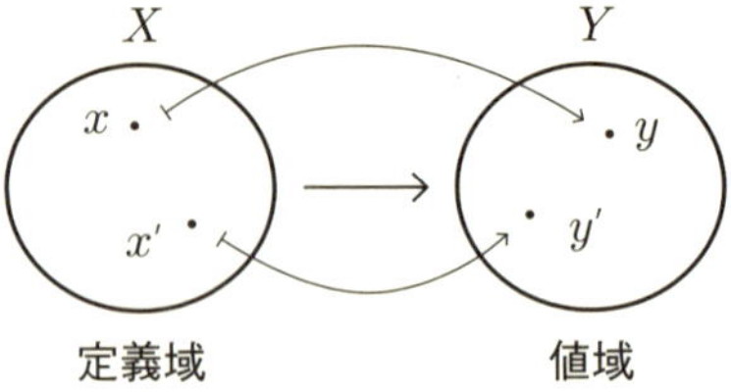

図 6.1 写像

詳しく

$$f\colon X \to Y \text{ や } X \xrightarrow{f} Y$$

と表します．元の対応を利用して写像を表す方法もあります．例えば写像 $f\colon X \to Y$ において元 x が元 y に対応する場合，

$$f\colon x \mapsto y, \quad x \overset{f}{\mapsto} y, \quad f(x) = y$$

と表します．この3通りの表記に意味の違いはありません．上の両方のタイプの表記を合わせて，

$$f\colon X \to Y; \quad x \mapsto y$$

と表すこともあります．

写像 $f\colon X \to Y$ において $f(x) = y$ をみたすとき，

x は f により y に写る

といいます．また y は x の像であるといいます．

● 写像の例 ●

写像の具体的な例をみましょう．

① 非負整数に対して，5で割った余りを対応させる写像．記号では

$$\begin{array}{ccc} \text{非負整数全体} & \longrightarrow & \{0, 1, 2, 3, 4\}; \\ n & \longmapsto & (n \text{ を } 5 \text{ で割った余り}) \end{array}$$

となります．

② 座標平面の点に対して，原点を中心に反時計回りに 60 度回転させた点を対応させる写像.

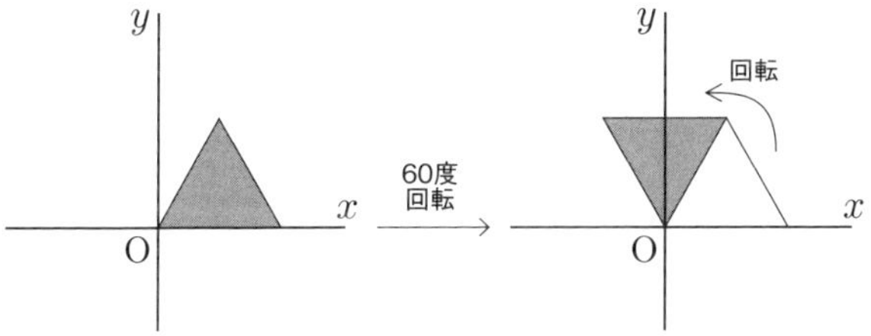

③ 座標平面の点 P に対して，半直線 OP 上の点 Q で OQ=2OP をみたす点 Q を対応させる写像（原点 O を中心に 2 倍に拡大する写像）.

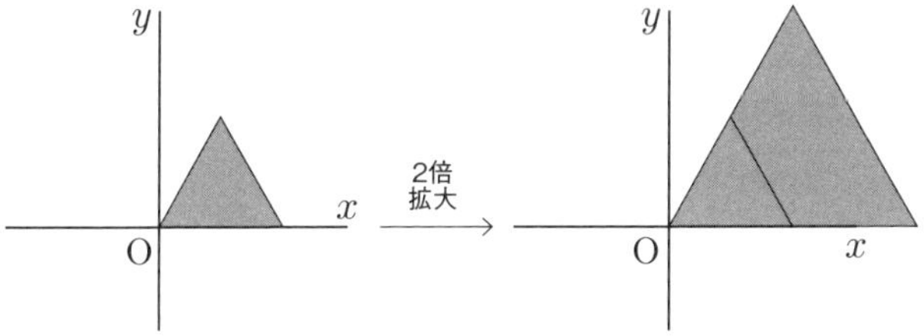

④ 数列 $\{a_n\}$ に対して，第 100 項 a_{100} を対応させる写像（数列全体のなす集合から実数体への写像）．ここで数列の項は実数とします.

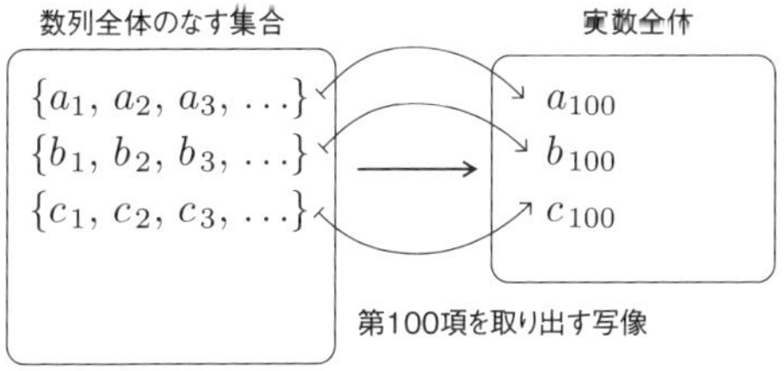

⑤ 数列 $\{a_1, a_2, \ldots\}$ に対して，項を1つずらした数列 $\{a_2, a_3, \ldots\}$ を対応させる写像（数列全体のなす集合からそれ自身への写像）．

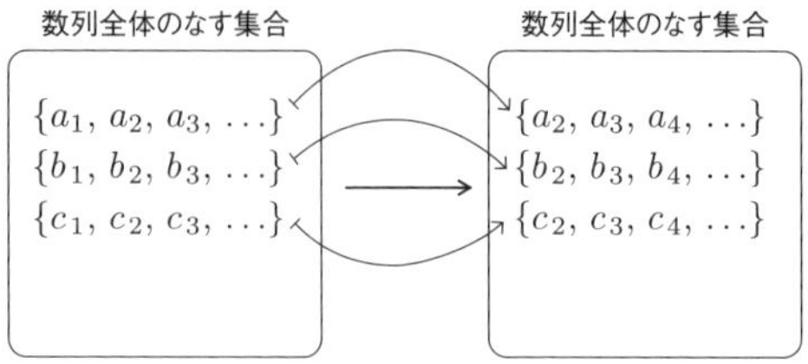

項を1つずらす写像

写像の性質

写像自身が抽象的なので，写像の一般的な性質として自然なものだけを主に考えます．あまり複雑なものは考えません．代表的なものは次の3つです．写像 $f\colon X \to Y$ に対して，次のように定義します．

[単射] X の任意の異なる元が異なる元に写るとき，f は単射であるといいます．

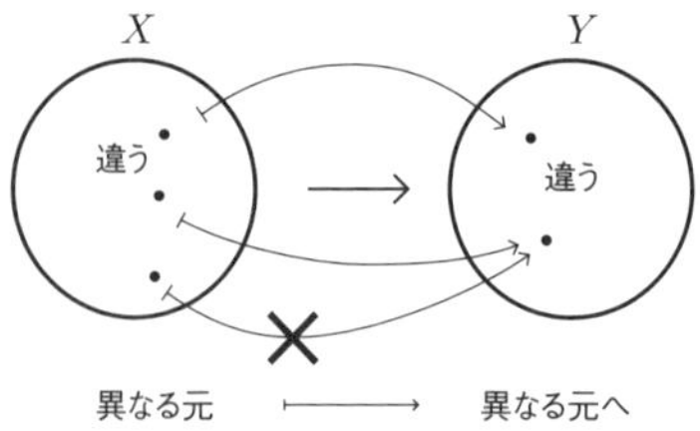

[全射] Y の任意の元が，X のある元の像になるとき，f は全射であるといいます．

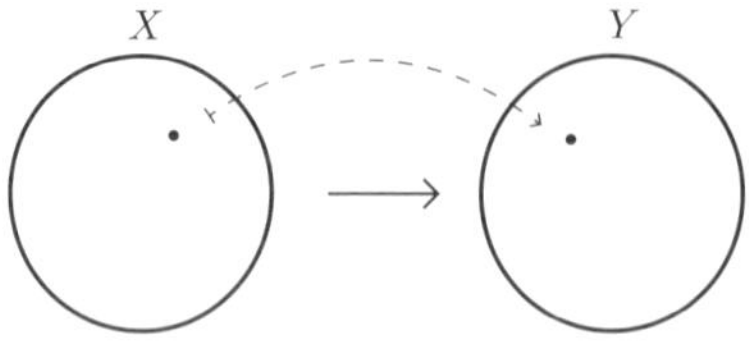

Yのどんな元もXの元から来る

[全単射] f が全射かつ単射であるとき, f は全単射であるといいます.

X ちょうどひとつだけ! Y

Yのどんな元も Xのただひとつの元から来る

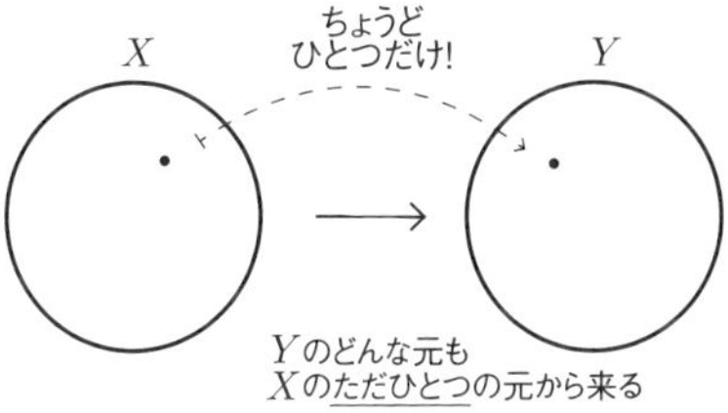

先の例①, ④, ⑤は全射ですが, 単射ではありません. ②, ③は全単射です.

● **写像と自動販売機** ●

少しだけ数学的対象からはなれて, 写像の性質をより具体的な例で考えてみましょう. 缶やペットボトルの飲料製品を売る自動販売機において, 飲み物を選ぶボタンに飲料製品を割り当てることを（数学的に？）考えます.

ここで自動販売機で売る飲み物は a, b, c の3種類とします. ただしそれぞれの種類に大きいサイズ（これを A, B, C で表す）と, 温かい飲み物（これを $\bar{a}, \bar{A}$ などと表す）があります. 結局, 全部で12種類の飲み物があります.

自動販売機では10種類の製品を選べるように, ①から⑩の10個のボタンがついているとします.

「どのボタンにどの飲み物を割りあてるか？」

これはちょうど, ボタンの集合から飲料製品への写像になります：

①, ②, ③, ④, ⑤, ⑥, ⑦, ⑧, ⑨, ⑩ $\xrightarrow{\text{割り当てる}}$ $a, b, c, \bar{a}, \bar{b}, \bar{c}, A, B, C, \bar{A}, \bar{B}, \bar{C}$

この「割り当てる」写像について，単射，全射，全単射を具体的に考察します．

10 個のすべてのボタンに違う種類の飲み物を割り当てるとき，この割り当てる写像は「単射」になります．一方，よく売れる飲み物を複数のボタンに割り当てれば，今度は単射ではありません．

飲料製品の種類が 12 種類でボタンの個数より多いので，12 種類すべての飲料製品を選べるようにボタンに飲み物を割り当てることはできません．すなわち，この割り当てる写像は「全射」にはなり得ません．もし，ボタンを 12 個以上に増やせれば，この割り当てる写像を全射にすることができます．この例における単射，全射をまとめます：

単射 … どの 2 つのボタンも異なる飲み物が出てくる
全射 … どの飲み物でも選択できるボタンがある

以上が具体例の説明です．ご近所の自動販売機のボタンは単射ですか？

● 図でまとめ ●

最後に写像の性質を図でまとめましょう．写像の性質は抽象的ですが，単射や全射のイメージを図にすると図 6.2 のような感じです．

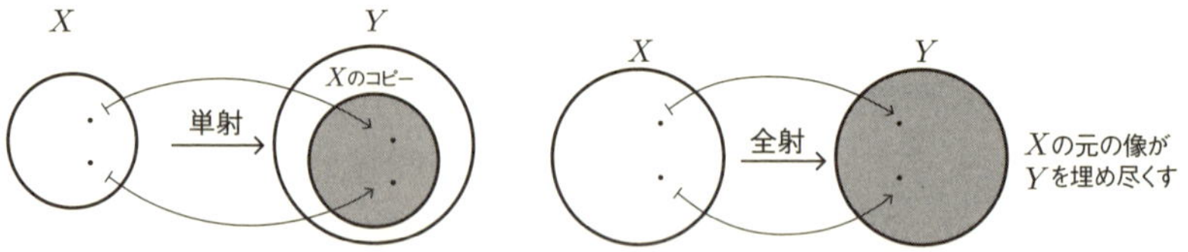

図 6.2 単射のイメージはコピー，全射は像で埋め尽くす感じ．

6.2 線形写像

部分空間の間の写像のうち，大事な写像は 1 次結合を保つものです．すなわち部分空間 V から W への写像 f で，V の各ベクトル $\boldsymbol{a}, \boldsymbol{b}$ と

数 α, β に対して，

$$f(\alpha\boldsymbol{a} + \beta\boldsymbol{b}) = \alpha f(\boldsymbol{a}) + \beta f(\boldsymbol{b})$$

をみたす写像です．このように 1 次結合を保つ写像を線形写像といいます．具体例を考えます．

$$f\begin{bmatrix} x \\ y \\ z \end{bmatrix} = \begin{bmatrix} 1 & 1 & 1 \\ 2 & 1 & 4 \end{bmatrix}\begin{bmatrix} x \\ y \\ z \end{bmatrix} = \begin{bmatrix} x+y+z \\ 2x+y+4z \end{bmatrix}$$

とします．上の式の最右辺は x, y, z の 1 次式です．このような写像は線形写像になります．実際，$\boldsymbol{a} = \begin{bmatrix} x \\ y \\ z \end{bmatrix}$, $\boldsymbol{b} = \begin{bmatrix} x' \\ y' \\ z' \end{bmatrix}$ とおけば，

$$\begin{aligned} f(\alpha\boldsymbol{a} + \beta\boldsymbol{b}) &= f\begin{bmatrix} \alpha x + \beta x' \\ \alpha y + \beta y' \\ \alpha z + \beta z' \end{bmatrix} \\ &= \begin{bmatrix} (\alpha x + \beta x') + (\alpha y + \beta y') + (\alpha z + \beta z') \\ 2(\alpha x + \beta x') + (\alpha y + \beta y') + 4(\alpha z + \beta z') \end{bmatrix} \quad (f\ \text{の定義}) \\ &= \begin{bmatrix} \alpha(x+y+z) + \beta(x'+y'+z') \\ \alpha(2x+y+4z) + \beta(2x'+y'+4z') \end{bmatrix} \quad (\text{くくりわけ}) \\ &= \alpha\begin{bmatrix} x+y+z \\ 2x+y+4z \end{bmatrix} + \beta\begin{bmatrix} x'+y'+z' \\ 2x'+y'+4z' \end{bmatrix} \quad (\text{式変形}) \\ &= \alpha f(\boldsymbol{a}) + \beta f(\boldsymbol{b}) \quad (\text{再び}\ f\ \text{の定義}) \end{aligned}$$

と計算され，f は 1 次結合を保ちます．

この例は，より一般に，行列によって表される写像

$$f(\boldsymbol{x}) = A\boldsymbol{x}$$

に拡張されます（$\boldsymbol{x}$ は n 次元数ベクトル，A は $m \times n$ 行列とします）．

逆に，数ベクトル空間の間の線形写像はこの形しかありません．具体的に確認してみます．例えば，3 次元数ベクトル空間から 2 次元数ベクトル空間への線形写像を f とします．$f\begin{bmatrix}1\\0\\0\end{bmatrix}=\begin{bmatrix}a_1\\b_1\end{bmatrix}$, $f\begin{bmatrix}0\\1\\0\end{bmatrix}=\begin{bmatrix}a_2\\b_2\end{bmatrix}$, $f\begin{bmatrix}0\\0\\1\end{bmatrix}=\begin{bmatrix}a_3\\b_3\end{bmatrix}$ とおきます．このとき

$$
\begin{aligned}
f\begin{bmatrix}x\\y\\z\end{bmatrix} &= f\left(x\begin{bmatrix}1\\0\\0\end{bmatrix}+y\begin{bmatrix}0\\1\\0\end{bmatrix}+z\begin{bmatrix}1\\0\\0\end{bmatrix}\right)\\
&=x\,f\begin{bmatrix}1\\0\\0\end{bmatrix}+y\,f\begin{bmatrix}0\\1\\0\end{bmatrix}+z\,f\begin{bmatrix}0\\0\\1\end{bmatrix}\quad(\text{線形性})\\
&=x\begin{bmatrix}a_1\\b_1\end{bmatrix}+y\begin{bmatrix}a_2\\b_2\end{bmatrix}+z\begin{bmatrix}a_3\\b_3\end{bmatrix}\quad(a_i, b_i\ \text{の定義})\\
&=\begin{bmatrix}a_1x+a_2y+a_3z\\b_1x+b_2y+b_3z\end{bmatrix}\quad(1\ \text{次結合の計算})\\
&=\underbrace{\begin{bmatrix}a_1&a_2&a_3\\b_1&b_2&b_3\end{bmatrix}}_{(2\times 3\ \text{行列})}\begin{bmatrix}x\\y\\z\end{bmatrix}\quad(\text{行列の積に直す})
\end{aligned}
$$

と表されます．したがって f は 2×3 行列を掛ける線形写像です．またこの行列は f による標準基底[1] $\begin{bmatrix}1\\0\\0\end{bmatrix}$, $\begin{bmatrix}0\\1\\0\end{bmatrix}$, $\begin{bmatrix}0\\0\\1\end{bmatrix}$ の像で与えられます．

一般に f が n 次元数ベクトル空間から m 次元数ベクトル空間への線形写像ならば，f は $m\times n$ 行列を掛ける線形写像であり，この行列は標準基底の像を横に並べて得られます．

---

[1] n 個の n 次元数ベクトル $\begin{bmatrix}1\\\vdots\\0\end{bmatrix},\dots,\begin{bmatrix}0\\\vdots\\1\end{bmatrix}$ （1 つの成分が 1 に等しく，その他は 0 に等しい n 個のベクトル）を標準基底といいます．

線形写像では $\boldsymbol{o}$ は $\boldsymbol{o}$ に写る

線形写像 f は零ベクトル $\boldsymbol{o}$ を $\boldsymbol{o}$ に写します．証明します．$\boldsymbol{o} = 0 \cdot \boldsymbol{o}$ の両辺を f で写すと，f の線形性より

$$\underset{(\text{左辺})}{f(\boldsymbol{o})} = \underset{(\text{右辺})}{f(0 \cdot \boldsymbol{o})} = 0 \cdot f(\boldsymbol{o}) = \boldsymbol{o}$$

です．したがって $f(\boldsymbol{o}) = \boldsymbol{o}$ が得られます．（証明終わり）

まとめ 12

① 線形写像とは1次結合を保つ写像である．
② 数ベクトル空間の間の線形写像 f は，$f(\boldsymbol{x}) = A\boldsymbol{x}$（$A$ は行列）の形である．

6.3 次元定理

さて，本節が線形写像に関する大きな山場です．線形写像から定まる大事な部分空間が2つ登場します．線形写像の核と像です．これらの空間の次元も重要です．説明しましょう．

核と像

まず，線形写像から決まる2つの部分空間（核と像）を説明します．部分空間の間の写像を $f : V \to W$ とします．

① V のベクトルのうち，$f(\boldsymbol{a}) = \boldsymbol{o}$ をみたすベクトル $\boldsymbol{a}$ の集まりを，f の核 (kernel) といい，$\mathrm{Ker}\, f$ と表します．
② V のベクトルの像からなる W の部分集合（つまり V 全体を写した姿）を f の像 (image) といい，$\mathrm{Im}\, f$ と表します（図6.3）．

具体例で核や像を計算してみましょう．

$$f\begin{bmatrix} x \\ y \\ z \end{bmatrix} = \begin{bmatrix} 1 & 1 & 1 \\ 2 & 1 & 4 \end{bmatrix}\begin{bmatrix} x \\ y \\ z \end{bmatrix} = \begin{bmatrix} x+y+z \\ 2x+y+4z \end{bmatrix}$$

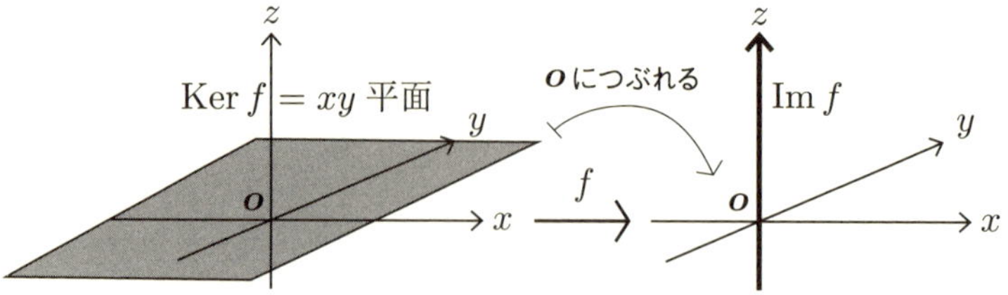

図 6.3　線形写像の核と像

とします（図 6.4 参照）.

① $\mathrm{Ker}\, f$ を求めます．これは

$$f\begin{bmatrix} x \\ y \\ z \end{bmatrix} = \begin{bmatrix} x+y+z \\ 2x+y+4z \end{bmatrix} = \begin{bmatrix} 0 \\ 0 \end{bmatrix}$$

をみたす $\begin{bmatrix} x \\ y \\ z \end{bmatrix}$ を求めることです．したがって連立方程式を解いて，

$$\begin{bmatrix} x \\ y \\ z \end{bmatrix} = \alpha \begin{bmatrix} -3 \\ 2 \\ 1 \end{bmatrix} \quad (\alpha \text{ は任意の数})$$

が $\mathrm{Ker}\, f$ に入るベクトルです（解き方の確認は章末 76 ページ）．よって f の核 $\mathrm{Ker}\, f$ は直線になり $\dim \mathrm{Ker}\, f = 1$ です：

$$\mathrm{Ker}\, f = \begin{bmatrix} -3 \\ 2 \\ 1 \end{bmatrix} \text{ のスカラー倍全体のなす部分空間（直線）.}$$

② $\mathrm{Im}\, f$ を求めます．

$$f\begin{bmatrix} x \\ y \\ z \end{bmatrix} = \begin{bmatrix} x+y+z \\ 2x+y+4z \end{bmatrix} = x\begin{bmatrix} 1 \\ 2 \end{bmatrix} + y\begin{bmatrix} 1 \\ 1 \end{bmatrix} + z\begin{bmatrix} 1 \\ 4 \end{bmatrix}$$

ですから，$\mathrm{Im}\, f$ は右辺の 3 つのベクトルの 1 次結合全体です．したがって $\mathrm{Im}\, f$ は座標平面全体です．次元は $\dim \mathrm{Im}\, f = 2$ です．

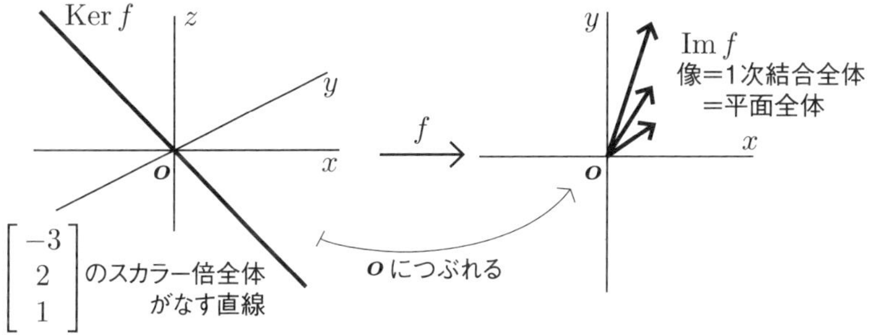

図 6.4 線形写像の核と像（例）

上の例から予想されるように，一般に，線形写像の核や像は部分空間です（証明は章末 77 ページ）．

● 単射と核 ●

線形写像の核を単射性の判定に応用します．線形写像 f が単射であるかどうかは，f の核で判定できます：

$$f \text{ が単射である} \iff \mathrm{Ker}\, f = \{\boldsymbol{o}\} \iff \dim \mathrm{Ker}\, f = 0.$$

この判定法は「単射性」が「次元」に帰着される点が重要です：

$$\begin{array}{ccc} \text{単射} & \xrightarrow{\text{帰着}} & \dim \mathrm{Ker}\, f \text{ の計算} \\ \text{(写像の性質)} & & \text{(行列（階数）の計算)} \end{array}$$

このように，写像で表される感覚的なアイデアが単純な数の計算に帰着されます．これは理論の力です．

それでは判定法を確認します．単純な議論です．右側の次元に関する同値性は明らかです．左側の同値性を確かめます．

$\Rightarrow$ を示します．f が単射であると仮定します．もし $f(\boldsymbol{a}) = \boldsymbol{o}$ ならば，$f(\boldsymbol{o}) = \boldsymbol{o}$ と f の単射性より $\boldsymbol{a} = \boldsymbol{o}$ となります．これは $\mathrm{Ker}\, f$ の元が $\boldsymbol{o}$ しかないことを示しています．以上より $\Rightarrow$ がわかりました．

今度は $\Leftarrow$ を示します．$\mathrm{Ker}\, f = \{\boldsymbol{o}\}$ と仮定します．もし $f(\boldsymbol{a}) = f(\boldsymbol{b})$ とすると，f は線形写像なので

$$\boldsymbol{o} = f(\boldsymbol{a}) - f(\boldsymbol{b}) = f(\boldsymbol{a} - \boldsymbol{b})$$

となります[2]．仮定より f の核は $\boldsymbol{o}$ しか含まないので $\boldsymbol{a} - \boldsymbol{b} = \boldsymbol{o}$ です．つまり $\boldsymbol{a} = \boldsymbol{b}$ となり，f が単射であることがわかりました．これで $\Leftarrow$ の証明も終わりです．f の線形性がポイントです．

ちなみに以上の議論は代数学ではよく使う議論です．

● 次元定理 ●

図 6.5 をみてください．$\mathrm{Ker}\, f$ の基底をとり，さらに V の基底に延長します．この基底を f で写すと，

① $\mathrm{Ker}\, f$ の基底はすべてつぶれます（つまり $\boldsymbol{o}$ になります）．
② $\mathrm{Ker}\, f$ に入らないほかの基底は f で写しても $\boldsymbol{o}$ になりません．

①，②は核の定義からわかります．さらに②の基底の像は $\mathrm{Im}\, f$ の基底になっています．実際，$\mathrm{Ker}\, f$ の外の基底の 1 次結合は $\boldsymbol{o}$ しか $\mathrm{Ker}\, f$ に入りません（$\because$ 基底の 1 次結合の一意性）．したがって，これらの 1 次結合のうち，f でつぶれるのは $\boldsymbol{o}$ のみです．ゆえに②の基底の像の 1 次結合で $\boldsymbol{o}$ に等しいものは，各係数が 0 に等しいものしかありません（図 6.5）．

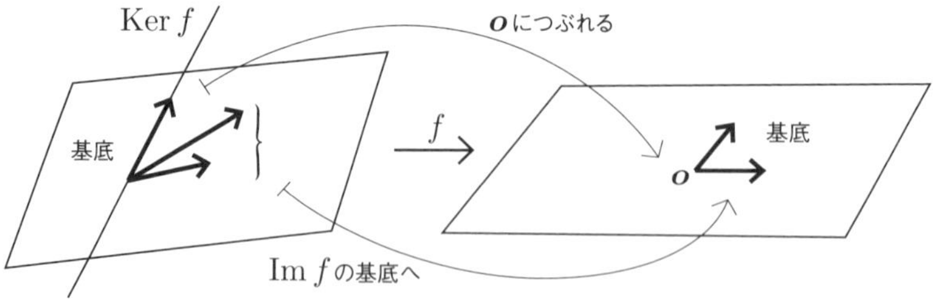

図 6.5　次元定理

[2] この変形がポイントです．f の線形性を使っています．

$\mathrm{Ker}\,f$ と $\mathrm{Im}\,f$ の基底をなすベクトルの個数，すなわち次元について述べたのが次元定理です．

定理 （次元定理）線形写像 $f\colon V \to W$ に対して

$$\dim V = \dim \mathrm{Ker}\,f + \dim \mathrm{Im}\,f.$$

次元定理は単純な主張ですが，今後たびたび使う基本的な定理です．本書を読み終わる頃には，是非習得してほしい定理です．

● 次元定理の応用 ●

次元定理の応用を紹介します．α, β, γ を相異なる実数として，次の問題を考えます:

問題 任意の実数 p, q, r に対して，

$$f(\alpha) = p, \quad f(\beta) = q, \quad f(\gamma) = r$$

となる $f(x) = ax^2 + bx + c$ （a, b, c は実数）がただ1つ存在することを証明せよ．

さて，どう解答したらよいでしょうか．高校の教科書であれば，α, β, γ や p, q, r が具体的な数で与えられて，a, b, c を求める問題かもしれません．この問題では一般的に考えています．

ここでは次の線形写像を利用して解決します：

$$\Phi\colon \begin{bmatrix} a \\ b \\ c \end{bmatrix} \longmapsto \begin{bmatrix} a\alpha^2 + b\alpha + c \\ a\beta^2 + b\beta + c \\ a\gamma^2 + b\gamma + c \end{bmatrix} = \begin{bmatrix} \alpha^2 & \alpha & 1 \\ \beta^2 & \beta & 1 \\ \gamma^2 & \gamma & 1 \end{bmatrix} \begin{bmatrix} a \\ b \\ c \end{bmatrix}$$

この写像の核 $\mathrm{Ker}\,\Phi$ を求めます．$\Phi \begin{bmatrix} a \\ b \\ c \end{bmatrix} = \boldsymbol{o}$ とすると，$f(x) = ax^2 + bx + c = 0$ は少なくとも3つの異なる解 $x = \alpha, \beta, \gamma$ をもちます．もし a, b, c に0でないものがあると，$f(x) = 0$ は高々2次方程式なので，解の個数も2個以下です．これは解が α, β, γ と少なくとも3つあることに矛盾します．したがって $a = b = c = 0$ です．すなわち $\mathrm{Ker}\,\Phi$ には $\boldsymbol{o}$ しかありません．つまり $\mathrm{Ker}\,\Phi = \{\boldsymbol{o}\}$ です．

次元定理より

$$\dim \operatorname{Im} \Phi = 3 - \dim \operatorname{Ker} \Phi = 3 - 0 = 3$$

ですから，$\operatorname{Im} \Phi$ は3次元数ベクトル空間全体と一致します[3]．ゆえに Φ は全射になり，どんな $\begin{bmatrix} p \\ q \\ r \end{bmatrix}$ に対しても問題文にあるような $f(x)$ が存在します．これがただ1つであることは，$\operatorname{Ker} \Phi = \{\boldsymbol{o}\}$ より Φ が単射なことから従います．以上で問題の証明ができました．

次元の議論や次元定理は結構，強力だと思いませんか．

● 連立方程式の次元公式 ●

連立方程式の次元公式（15ページ）は，次元定理の言い換えです．説明しましょう．連立方程式

$$A\boldsymbol{x} = \boldsymbol{p}, \quad A = \begin{bmatrix} a & b & c \\ d & e & g \\ h & i & j \end{bmatrix}, \ \boldsymbol{x} = \begin{bmatrix} x \\ y \\ z \end{bmatrix}, \ \boldsymbol{p} = \begin{bmatrix} p \\ q \\ r \end{bmatrix}$$

に対して，線形写像 f を $f(\boldsymbol{x}) = A\boldsymbol{x}$ と定義します．この方程式の解を表すのに必要なパラメータの個数は $3 - \operatorname{rank} A$ です．パラメータを掛けるベクトルは $f(\boldsymbol{x}) = \boldsymbol{o}$ の1次独立な解であり，$\operatorname{Ker} f$ の基底になっています．つまり解の自由度は $\operatorname{Ker} f$ の次元に等しいです．

一方，$f(\boldsymbol{x}) = A\boldsymbol{x} = \boldsymbol{p}$ に解が存在する条件は，$\boldsymbol{p}$ が f の像 $\operatorname{Im} f$ に入ることです．$\operatorname{Im} f$ の次元が $\operatorname{rank} A$ です．したがって次元定理より得られる式

$$\dim \operatorname{Ker} f = 3 - \dim \operatorname{Im} f = 3 - \operatorname{rank} A$$

は連立方程式の次元公式です．この公式の一般化が次元定理です．

---

[3] 2つの部分空間 V, W が $V \subset W$ かつ $\dim V = \dim W$ をみたすとき，$V = W$ が成り立ちます（54ページの命題参照）．

まとめ 13

数ベクトル空間の間の線形写像 f が $f(\boldsymbol{x}) = A\boldsymbol{x}$ と定義されるとき，

① f の核 $\mathrm{Ker}\, f$ は連立方程式 $A\boldsymbol{x} = \boldsymbol{o}$ の解全体である．

② f の像 $\mathrm{Im}\, f$ は A の列ベクトルの 1 次結合全体である．

また核と像の次元の和は f の定義域の次元に等しい：

$$\dim(f \text{ の定義域}) = \dim \mathrm{Ker}\, f + \dim \mathrm{Im}\, f \qquad \text{（次元定理）}$$

最後に本章の内容を図で整理します（図 6.6）．

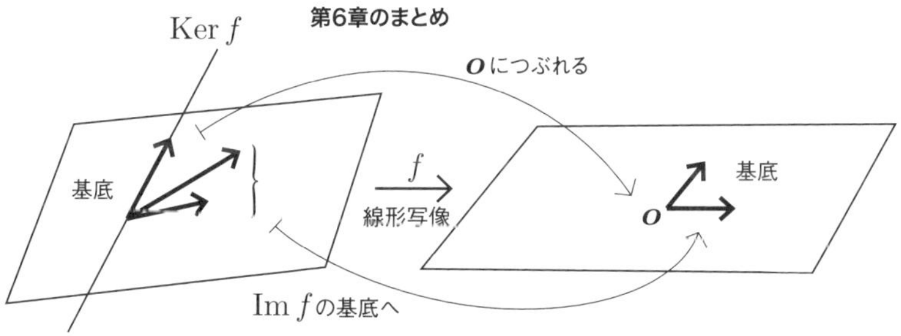

- 線形写像（1次結合を保つ写像）
- f の核 $\mathrm{Ker}\, f \cdots f(\boldsymbol{x})=\boldsymbol{o}$ をみたす $\boldsymbol{x}$ 全体
- f の像 $\mathrm{Im}\, f \cdots f(\boldsymbol{x})$ をすべて集めた集合
- 次元定理 $\cdots f\colon V \longrightarrow W$ に対して

  $\dim V = \dim \mathrm{Ker}\, f + \dim \mathrm{Im}\, f$

図 6.6　第 6 章のまとめ

できるかな？ 演習問題 (解答は 169 ページ)

次の行列 A, B について，以下の問いに答えよ．

$$A = \begin{bmatrix} -5 & 1 & -9 \\ -1 & 0 & -2 \\ 2 & -2 & 2 \end{bmatrix}, \ B = \begin{bmatrix} 4 & 3 & 1 \\ -7 & -5 & -2 \\ -2 & -1 & -1 \end{bmatrix}.$$

(1) $f(\boldsymbol{x}) = A\boldsymbol{x}$ の核の基底，像の基底を求めよ．

(2) $f(\boldsymbol{x}) = B\boldsymbol{x}$ の核の次元，像の次元を求めよ．

第 6 章の補足

● 70 ページの解き方の確認.

次の連立方程式の解を求めます．

$$\begin{cases} x + y + z = 0 \\ 2x + y + 4z = 0 \end{cases}$$

$$\begin{bmatrix} 1 & 1 & 1 & 0 \\ 2 & 1 & 4 & 0 \end{bmatrix} \xrightarrow{\text{2 行から 1 行の 2 倍を引く}} \begin{bmatrix} 1 & 1 & 1 & 0 \\ 0 & -1 & 2 & 0 \end{bmatrix}$$

$$\xrightarrow[\text{2 行を } (-1) \text{ 倍する}]{\text{1 行に 2 行を足す}} \begin{bmatrix} 1 & 0 & 3 & 0 \\ 0 & 1 & -2 & 0 \end{bmatrix}.$$

したがって連立方程式は

$$x + 3z = 0, \ y - 2z = 0. \quad \therefore x = -3z, y = 2z$$

と書き直せます．$z = \alpha$ とおいて解を求めれば

$$\begin{bmatrix} x \\ y \\ z \end{bmatrix} = \begin{bmatrix} -3\alpha \\ 2\alpha \\ \alpha \end{bmatrix} = \alpha \begin{bmatrix} -3 \\ 2 \\ 1 \end{bmatrix} \ (\alpha \text{は任意の数})$$

となります．ちなみに既約行階段形から連立方程式に戻さずに，ベクトルで表示した解を直接求める方法があります（[ゼミ] 6A 参照)．

● Ker f と Im f が部分空間であることの証明.

$f(\boldsymbol{o}) = \boldsymbol{o}$ より，Ker f も Im f も零ベクトルを含みます.

[Ker f について] Ker f のベクトル $\boldsymbol{a}, \boldsymbol{b}$ の 1 次結合 $\alpha\boldsymbol{a} + \beta\boldsymbol{b}$ に対して，

$$f(\alpha\boldsymbol{a} + \beta\boldsymbol{b}) = \alpha f(\boldsymbol{a}) + \beta f(\boldsymbol{b}) = \alpha \cdot \boldsymbol{o} + \beta \cdot \boldsymbol{o} = \boldsymbol{o}$$

より $\alpha\boldsymbol{a} + \beta\boldsymbol{b}$ も Ker f に入ります．ゆえに Ker f は V の部分空間になります.

[Im f について] $f(\boldsymbol{a})$ と $f(\boldsymbol{b})$ の 1 次結合 $\alpha f(\boldsymbol{a}) + \beta f(\boldsymbol{b})$ に対して ($\boldsymbol{a}, \boldsymbol{b}$ は V のベクトル),

$$\alpha f(\boldsymbol{a}) + \beta f(\boldsymbol{b}) = f(\alpha\boldsymbol{a} + \beta\boldsymbol{b})$$

であり, V は部分空間なので $\alpha\boldsymbol{a}+\beta\boldsymbol{b}$ も V に入ります．よって $\alpha f(\boldsymbol{a}) + \beta f(\boldsymbol{b})$ も Im f に入り, Im f は W の部分空間になります.（証明終わり）

● 特別な写像

ここで特別な写像を補足します．どれも重要です.

① 集合 X から X への写像で元 x を x に写す写像（つまり何も変えない写像）を恒等写像といい，id，あるいは id_X と表します.

② 集合 X から集合 Y への全単射な写像 f に対して，Y の元 y を $f(x) = y$ をみたす x に写す写像を f の逆写像といい，f^{-1}（エフ・インバース）と表します.

③ 集合 X から集合 Y への写像 f と，集合 Y から集合 Z への写像 g に対して，X の元 x を $f(x)$ に写し，さらに $g(f(x))$ に写す写像を f と g の合成写像といい，gf あるいは $g \circ f$ と表します.

$$gf \colon x \overset{f}{\longmapsto} f(x) \overset{g}{\longmapsto} g(f(x)) = (g \circ f)(x).$$

f と g の合成写像の表記に注意してください．$f(x)$ を $g(f(x))$ に写すので，この表記の順に合わせて gf と書きます．また合成写像を考えるには,「g の定義域と f の値域が一致すること」は大事な条件です.

● 線形写像の合成写像

線形写像 f, g を $f(\boldsymbol{x}) = A\boldsymbol{x}, g(x) = B\boldsymbol{x}$ とします．ここで A は $m \times n$ 行列，B は $k \times m$ 行列とします．このとき f, g は合成できて

$$g \circ f(\boldsymbol{x}) = g(A\boldsymbol{x}) = B(A\boldsymbol{x}) = (BA)\boldsymbol{x}$$

となります．したがって線形写像の合成は行列の積です．これが行列の積の意味です．また f と g が合成できるためには，

f で写した数ベクトルの次元（$= A$ の行の個数）と
g で写す数ベクトルの次元（$= B$ の列の個数）

とが等しくなければいけません．この合成写像の条件が，行列の積が計算できる条件だったのです（31 ページ）．

勉強のあいまに — 高校数学より難しい現代数学？

今日では，数学の概念の多くは，集合や写像に基礎をおいて説明されています．しかし，最初からそうだったわけではありません．19 世紀以前では，すぐれた直観による感覚的な議論が多くありました．例えば，関数が連続であることはグラフがつながっていることだったかもしれません．

その後，微積分学の基礎を整理する過程で，厳密に定義を書き下す数学が始まります．そして，まぎれのない集合に基礎をおく数学へと進化しました．

そのような歴史をへて完成した数学は，自然なアイデア，厳密な定式化を追求した結果，非常に洗練されたものになっています．その一方で初めて学ぶ人には暗号のような文章になっています．当然，大学に入学したばかりの新入生には難しいわけです．（見た目の）難しい定式化の本質や気持ちを汲みとることができると，案外よくわかるものです．頑張りましょう．

第7章 数に分解

成分表示

平面や空間を扱うのに，座標はとても便利です．座標があると，ベクトルの成分表示が得られ，数の計算が利用できます．線形写像に対しても，基底を利用して，同じように成分表示できます．この成分表示が「行列」です．これを線形写像の表現行列といいます．それでは線形写像の成分表示を本章で紹介しましょう．

7.1 線形写像の成分表示 — 例 —

最初に，線形写像の成分表示のアイデアを例で説明します．線形写像

$$f\begin{bmatrix} x \\ y \end{bmatrix} = \begin{bmatrix} 2 & 2 \\ 0 & 1 \end{bmatrix}\begin{bmatrix} x \\ y \end{bmatrix}$$

を考えます．この写像を図でみるとこんな感じです（図 7.1）．この図では「灰色の正方形が平行四辺形に写る」以外には何の特徴も見えてきません．ところが $\boldsymbol{a}_1 = \begin{bmatrix} 1 \\ 0 \end{bmatrix}$ と $\boldsymbol{a}_2 = \begin{bmatrix} 2 \\ -1 \end{bmatrix}$ の f による像は，計算してみると，$\boldsymbol{a}_1, \boldsymbol{a}_2$ のスカラー倍しか変化しません（図 7.2）：

$$f(\boldsymbol{a}_1) = \begin{bmatrix} 2 & 2 \\ 0 & 1 \end{bmatrix}\begin{bmatrix} 1 \\ 0 \end{bmatrix} = \begin{bmatrix} 2 \\ 0 \end{bmatrix} = 2\boldsymbol{a}_1,$$

$$f(\boldsymbol{a}_2) = \begin{bmatrix} 2 & 2 \\ 0 & 1 \end{bmatrix}\begin{bmatrix} 2 \\ -1 \end{bmatrix} = \begin{bmatrix} 2 \\ -1 \end{bmatrix} = \boldsymbol{a}_2.$$

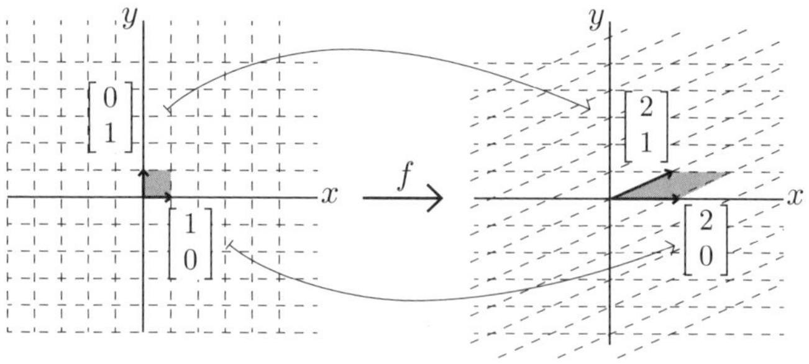

図 7.1　線形写像の様子（その 1）

はじめの $\boldsymbol{e}_1 = \begin{bmatrix}1\\0\end{bmatrix}$ や $\boldsymbol{e}_2 = \begin{bmatrix}0\\1\end{bmatrix}$ では f の性質はあまり見えません．一方 $\boldsymbol{a}_1, \boldsymbol{a}_2$ では，これらのベクトルのスカラー倍という明解な特徴がわかります．

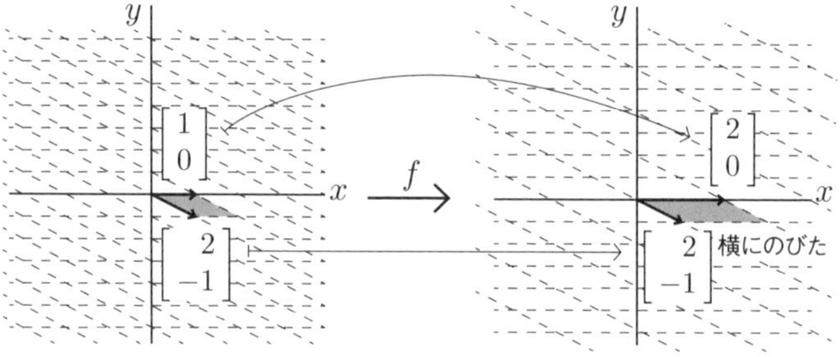

図 7.2　線形写像の様子（その 2）

このように，線形写像を調べるのに良い基底が重要です．この状況を基底を使って整理します．各ベクトル $\boldsymbol{x}$ は基底 $\boldsymbol{e}_1, \boldsymbol{e}_2$ によって，

$$\boldsymbol{x} = \begin{bmatrix}x\\y\end{bmatrix} = x\begin{bmatrix}1\\0\end{bmatrix} + y\begin{bmatrix}0\\1\end{bmatrix} = x\boldsymbol{e}_1 + y\boldsymbol{e}_2$$

と表されます．この $\begin{bmatrix}x\\y\end{bmatrix}$ を $\boldsymbol{e}_1, \boldsymbol{e}_2$ に関する $\boldsymbol{x}$ の成分表示といいます．この成分表示を f で写すと

$$f(x\boldsymbol{e}_1 + y\boldsymbol{e}_2) = xf(\boldsymbol{e}_1) + yf(\boldsymbol{e}_2) = x\begin{bmatrix}2\\0\end{bmatrix} + y\begin{bmatrix}2\\1\end{bmatrix} = \begin{bmatrix}2x+2y\\0x+1y\end{bmatrix}$$

$$=(2x+2y)\boldsymbol{e}_1+y\boldsymbol{e}_2$$

となります．これをベクトルの成分表示でみると，始めの正方行列が現れます：

$$\begin{bmatrix} x \\ y \end{bmatrix} \mapsto \begin{bmatrix} 2x+2y \\ y \end{bmatrix} = \begin{bmatrix} 2 & 2 \\ 0 & 1 \end{bmatrix} \begin{bmatrix} x \\ y \end{bmatrix}.$$

一方，基底 $\boldsymbol{a}_1, \boldsymbol{a}_2$ に対して

$$f(x\boldsymbol{a}_1+y\boldsymbol{a}_2)=xf(\boldsymbol{a}_1)+yf(\boldsymbol{a}_2)=2x\boldsymbol{a}_1+y\boldsymbol{a}_2$$

ですから，$\boldsymbol{a}_1, \boldsymbol{a}_2$ に関する成分表示では

$$\begin{bmatrix} x \\ y \end{bmatrix} \mapsto \begin{bmatrix} 2x \\ y \end{bmatrix} = \begin{bmatrix} 2 & 0 \\ 0 & 1 \end{bmatrix} \begin{bmatrix} x \\ y \end{bmatrix}$$

となります[1]．ずいぶんと簡単になります！

このように基底を使った成分表示に関して線形写像を書き下すと，線形写像を行列で表せます． この行列が線形写像の成分表示です．正確には，これらの基底に関する線形写像の表現行列といいます．

良い基底に関する表現行列によって，線形写像はずいぶんとわかりやすくなります．第 8 章で詳しく学びます．

7.2　表現行列

表現行列の別のアイデアを紹介しましょう．今度は線形写像を制限して別の行列を導きます．例えば，3 次元数ベクトル空間の線形写像を平面に制限して，2 次元数ベクトル空間の線形写像として見直します（図 7.3，83 ページ参照）．

[1]行列の名称の補足です．行列の $(1,1)$ 成分，$(2,2)$ 成分，... を対角成分といいます．対角成分以外がすべて 0 である正方行列を対角行列といいます．零行列や単位行列は対角行列です．右側の 2 次正方行列は対角行列です．

座標空間の線形写像

$$f(\boldsymbol{x}) = A\boldsymbol{x} \quad (\text{ここで } A = \begin{bmatrix} 1 & 1 & -1 \\ 1 & 2 & 1 \\ 1 & 0 & 3 \end{bmatrix}, \boldsymbol{x} = \begin{bmatrix} x \\ y \\ z \end{bmatrix})$$

を考えます．平面 $x+y+z=0$ を V とおきます．V の基底として $\boldsymbol{a} = \begin{bmatrix} 1 \\ 0 \\ -1 \end{bmatrix}, \boldsymbol{b} = \begin{bmatrix} 0 \\ 1 \\ -1 \end{bmatrix}$ をとります．$f(\boldsymbol{a}), f(\boldsymbol{b})$ はそれぞれ

$$\begin{bmatrix} 1 & 1 & -1 \\ 1 & 2 & 1 \\ 1 & 0 & 3 \end{bmatrix} \begin{bmatrix} 1 \\ 0 \\ -1 \end{bmatrix} = \begin{bmatrix} 2 \\ 0 \\ -2 \end{bmatrix}, \quad \begin{bmatrix} 1 & 1 & -1 \\ 1 & 2 & 1 \\ 1 & 0 & 3 \end{bmatrix} \begin{bmatrix} 0 \\ 1 \\ -1 \end{bmatrix} = \begin{bmatrix} 2 \\ 1 \\ -3 \end{bmatrix}$$

となります．この $f(\boldsymbol{a}), f(\boldsymbol{b})$ は V に入ります．実際，成分の和は

$$2+0+(-2)=0, \quad 2+1+(-3)=0$$

となるからです．線形写像は 1 次結合を保つので，V のベクトルは f により再び V のベクトルに写ります．そこで

線形写像 f が V 上ではどのように見えるか

考えてみます．f は座標空間では行列 A を掛ける写像ですが，2 次元部分空間 V 上では，もっと簡単になります．説明しましょう．

まず $f(\boldsymbol{a}), f(\boldsymbol{b})$ を $\boldsymbol{a}, \boldsymbol{b}$ の 1 次結合で表します（$\boldsymbol{a}, \boldsymbol{b}$ は V の基底なので，これが可能です．求め方は章末 89 ページ参照）：

$$f(\boldsymbol{a}) = \begin{bmatrix} 2 \\ 0 \\ -2 \end{bmatrix} = 2\boldsymbol{a}, \quad f(\boldsymbol{b}) = \begin{bmatrix} 2 \\ 1 \\ -3 \end{bmatrix} = 2\boldsymbol{a} + \boldsymbol{b}.$$

この 1 次結合を利用して $x\boldsymbol{a} + y\boldsymbol{b}$ の像 $f(x\boldsymbol{a} + y\boldsymbol{b})$ を計算します：

$$\begin{aligned} f(x\boldsymbol{a} + y\boldsymbol{b}) =& x f(\boldsymbol{a}) + y f(\boldsymbol{b}) \\ =& x(2\boldsymbol{a}) + y(2\boldsymbol{a} + \boldsymbol{b}) = (2x+2y)\boldsymbol{a} + y\boldsymbol{b}. \end{aligned}$$

さて V のベクトル $x\boldsymbol{a}+y\boldsymbol{b}$ に対して，V の基底 $\boldsymbol{a},\boldsymbol{b}$ に関するその成分表示は $\begin{bmatrix} x \\ y \end{bmatrix}$ であり，$f(x\boldsymbol{a}+y\boldsymbol{b})$ の成分表示は $\begin{bmatrix} 2x+2y \\ y \end{bmatrix}$ です：

$$x\boldsymbol{a}+y\boldsymbol{b} \xrightarrow{\text{成分表示}} \begin{bmatrix} x \\ y \end{bmatrix}, \quad f(x\boldsymbol{a}+y\boldsymbol{b}) \xrightarrow{\text{成分表示}} \begin{bmatrix} 2x+2y \\ y \end{bmatrix}.$$

これらの成分表示を利用すると，f は V 上の線形写像 g として，

$$\begin{bmatrix} x \\ y \end{bmatrix} \overset{g}{\longmapsto} \begin{bmatrix} 2x+2y \\ y \end{bmatrix} = \begin{bmatrix} 2 & 2 \\ 0 & 1 \end{bmatrix} \begin{bmatrix} x \\ y \end{bmatrix}$$

という写像になります．ここで2次正方行列 $\begin{bmatrix} 2 & 2 \\ 0 & 1 \end{bmatrix}$ が現れます．この行列が線形写像の成分表示です．この行列を V の基底 $\boldsymbol{a},\boldsymbol{b}$ に関する g の表現行列といいます（図 7.3）．

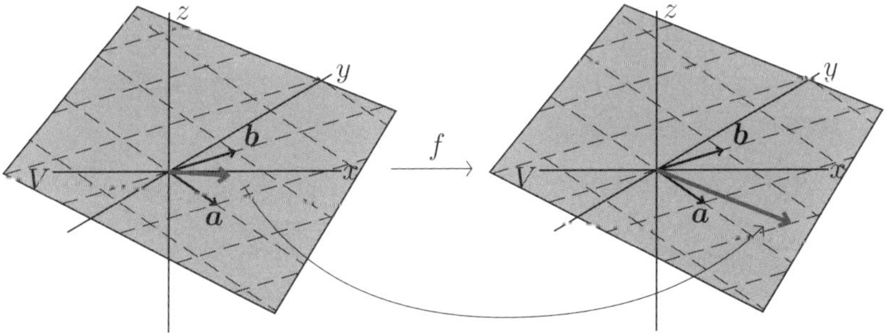

$$x\boldsymbol{a}+y\boldsymbol{b} \longmapsto (2x+2y)\boldsymbol{a}+y\boldsymbol{b}$$

$$\begin{bmatrix} x \\ y \end{bmatrix} \longmapsto \begin{bmatrix} 2x+2y \\ y \end{bmatrix} = \begin{bmatrix} 2 & 2 \\ 0 & 1 \end{bmatrix} \begin{bmatrix} x \\ y \end{bmatrix}$$

（表現行列）

図 7.3 表現行列

このように f を V 上で見るときには，V が2次元なので3次正方行列ほど「大きく」なくていいわけです．そこで V の基底で成分表示し，V 上の線形写像を成分表示して，表現行列が得られます．以上より

線形写像の成分表示が行列である！

とわかりました.

補足. 表現行列の一般的な定義

表現行列の一般的な定義を紹介します. 簡単のため, 3 次元部分空間 V から 2 次元部分空間 W への線形写像の場合に説明します. V の基底を $\boldsymbol{a}_1, \boldsymbol{a}_2, \boldsymbol{a}_3$, W の基底を $\boldsymbol{b}_1, \boldsymbol{b}_2$ とし, 線形写像 $f\colon V \to W$ が

$$\begin{aligned} f(\boldsymbol{a}_1) &= r_{11}\boldsymbol{b}_1 + r_{21}\boldsymbol{b}_2, \\ f(\boldsymbol{a}_2) &= r_{12}\boldsymbol{b}_1 + r_{22}\boldsymbol{b}_2, \\ f(\boldsymbol{a}_3) &= r_{13}\boldsymbol{b}_1 + r_{23}\boldsymbol{b}_2 \end{aligned} \qquad \cdots\cdots①$$

と表されるとします[2]. このとき f の表現行列を

$$\begin{bmatrix} r_{11} & r_{12} & r_{13} \\ r_{21} & r_{22} & r_{23} \end{bmatrix} \qquad \cdots\cdots②$$

と定義します. ①の右辺の係数 $r_{11}, r_{21}, \ldots$ について,「よこ」の並びを②のように「たて」に並べたものが表現行列です.

上で説明した例では,

$$\begin{aligned} g(\boldsymbol{a}) &= 2\boldsymbol{a}, \\ g(\boldsymbol{b}) &= 2\boldsymbol{a} + \boldsymbol{b} \end{aligned}$$

と表されるので, 表現行列は $\begin{bmatrix} 2 & 2 \\ 0 & 1 \end{bmatrix}$ となります.

表現行列の意味

表現行列の意味を説明します. f の表現行列を上の②のように

$$\begin{bmatrix} r_{11} & r_{12} & r_{13} \\ r_{21} & r_{22} & r_{23} \end{bmatrix}$$

---

[2] 添字について: 実は $f(\boldsymbol{a}_1) = \boldsymbol{a}_1[r_{11}] + \boldsymbol{a}_2[r_{21}]$, $f(\boldsymbol{a}_2) = \boldsymbol{a}_1[r_{12}] + \boldsymbol{a}_2[r_{22}]$, $f(\boldsymbol{a}_3) = \boldsymbol{a}_1[r_{13}] + \boldsymbol{a}_2[r_{23}]$ のように書くと (右辺は 3×1 行列と 1×1 行列の積を表す), 添字がきれいに並んでわかりやすくなります.

とします．このとき，これらの基底に関する成分表示でみると，

$$\begin{bmatrix} x \\ y \\ z \end{bmatrix} \longmapsto \begin{bmatrix} r_{11} & r_{12} & r_{13} \\ r_{21} & r_{22} & r_{23} \end{bmatrix} \begin{bmatrix} x \\ y \\ z \end{bmatrix}$$

となります．すなわち次のように言えます：

ベクトルの成分表示を写す線形写像が
表現行列による線形写像である！

この主張を確認します．表現行列の定義より線形写像 f は

$$\begin{aligned} f(\boldsymbol{a}_1) &= r_{11}\boldsymbol{b}_1 + r_{21}\boldsymbol{b}_2, \\ f(\boldsymbol{a}_2) &= r_{12}\boldsymbol{b}_1 + r_{22}\boldsymbol{b}_2, \\ f(\boldsymbol{a}_3) &= r_{13}\boldsymbol{b}_1 + r_{23}\boldsymbol{b}_2 \end{aligned}$$

と表されています．そこで $x\boldsymbol{a}_1 + y\boldsymbol{a}_2 + z\boldsymbol{a}_3$ を f で写すと，

$$\begin{aligned} &f(x\boldsymbol{a}_1 + y\boldsymbol{a}_2 + z\boldsymbol{a}_3) = xf(\boldsymbol{a}_1) + yf(\boldsymbol{a}_2) + zf(\boldsymbol{a}_3) \\ &= x(r_{11}\boldsymbol{b}_1 + r_{21}\boldsymbol{b}_2) + y(r_{12}\boldsymbol{b}_1 + r_{22}\boldsymbol{b}_2) + z(r_{13}\boldsymbol{b}_1 + r_{23}\boldsymbol{b}_2) \\ &= (r_{11}x + r_{12}y + r_{13}z)\boldsymbol{b}_1 + (r_{21}x + r_{22}y + r_{23}z)\boldsymbol{b}_2 \end{aligned}$$

となります．したがってベクトルの成分表示では

$$\begin{bmatrix} x \\ y \\ z \end{bmatrix} \mapsto \begin{bmatrix} r_{11}x + r_{12}y + r_{13}z \\ r_{21}x + r_{22}y + r_{23}z \end{bmatrix} = \begin{bmatrix} r_{11} & r_{12} & r_{13} \\ r_{21} & r_{22} & r_{23} \end{bmatrix} \begin{bmatrix} x \\ y \\ z \end{bmatrix}$$

となり，主張が確かめられました．

まとめ 14 〜〜〜〜〜〜〜〜〜〜〜〜〜〜〜〜〜〜〜〜〜〜〜〜〜〜〜〜〜〜〜

部分空間の基底を用いて，ベクトルの成分表示，線形写像の成分表示（表現行列）が得られる．

〜〜〜〜〜〜〜〜〜〜〜〜〜〜〜〜〜〜〜〜〜〜〜〜〜〜〜〜〜〜〜〜〜〜〜〜〜

7.3 基底の変換

線形写像の成分表示は行列でした．その行列を表現行列といいました．表現行列を考える理由は，線形写像を行列で理解するためです．

ところで成分表示は座標をとりかえると変わります．そこで座標のとりかえについて説明します．座標は基底から決まるので，座標のとりかえは基底の変換です：

$$\text{座標のとりかえ} \longleftrightarrow \text{基底の変換}$$

● 基底の変換 ●

基底の変換を定義します．簡単のため，2 次元部分空間 V において説明します．V の 2 組の基底を $\boldsymbol{a}_1, \boldsymbol{a}_2$ と $\boldsymbol{b}_1, \boldsymbol{b}_2$ とします．$\boldsymbol{a}_1, \boldsymbol{a}_2$ は基底なので，$\boldsymbol{b}_1, \boldsymbol{b}_2$ は $\boldsymbol{a}_1, \boldsymbol{a}_2$ の 1 次結合で表せます：

$$\begin{aligned} \boldsymbol{b}_1 &= p_{11}\boldsymbol{a}_1 + p_{21}\boldsymbol{a}_2, \\ \boldsymbol{b}_2 &= p_{12}\boldsymbol{a}_1 + p_{22}\boldsymbol{a}_2. \end{aligned}$$

添字の付き方は表現行列と同じです．これから定まる 2 次正方行列

$$\begin{bmatrix} p_{11} & p_{12} \\ p_{21} & p_{22} \end{bmatrix}$$

を基底 $\boldsymbol{a}_1, \boldsymbol{a}_2$ から基底 $\boldsymbol{b}_1, \boldsymbol{b}_2$ への基底の変換行列といいます．基底の変換行列は正則行列です． 直観的には，$\boldsymbol{b}_1, \boldsymbol{b}_2$ から $\boldsymbol{a}_1, \boldsymbol{a}_2$ への基底の変換（逆変換）もできることからわかります（証明は章末 90 ページ）．

● 成分表示の変換 ●

基底 $\boldsymbol{a}_1, \boldsymbol{a}_2$ によって，V のベクトル $\boldsymbol{a}$ が $\boldsymbol{a} = x_1\boldsymbol{a}_1 + x_2\boldsymbol{a}_2$ と表されるとき，$\begin{bmatrix} x_1 \\ x_2 \end{bmatrix}$ を $\boldsymbol{a}_1, \boldsymbol{a}_2$ に関する $\boldsymbol{a}$ の成分表示といいました．

別の基底 $\boldsymbol{b}_1, \boldsymbol{b}_2$ に関する $\boldsymbol{a}$ の成分表示を $\begin{bmatrix} y_1 \\ y_2 \end{bmatrix}$ とし，$\boldsymbol{a}_1, \boldsymbol{a}_2$ から $\boldsymbol{b}_1, \boldsymbol{b}_2$ への基底の変換行列を $P = \begin{bmatrix} p_{11} & p_{12} \\ p_{21} & p_{22} \end{bmatrix}$ とします．このとき成分表示の

変換を求めましょう．まず

$$\boldsymbol{a} = x_1\boldsymbol{a}_1 + x_2\boldsymbol{a}_2 = y_1\boldsymbol{b}_1 + y_2\boldsymbol{b}_2$$

の最右辺を基底の変換行列を用いて，$\boldsymbol{a}_1, \boldsymbol{a}_2$ で書き直します：

$$\begin{aligned}\boldsymbol{a} =& x_1\boldsymbol{a}_1 + x_2\boldsymbol{a}_2 = y_1\boldsymbol{b}_1 + y_2\boldsymbol{b}_2 \\ =& y_1(p_{11}\boldsymbol{a}_1 + p_{21}\boldsymbol{a}_2) + y_2(p_{12}\boldsymbol{a}_1 + p_{22}\boldsymbol{a}_2) \\ =& (p_{11}y_1 + p_{12}y_2)\boldsymbol{a}_1 + (p_{21}y_1 + p_{22}y_2)\boldsymbol{a}_2.\end{aligned}$$

次に $\boldsymbol{a}_1, \boldsymbol{a}_2$ の係数を比較して，

$$\begin{bmatrix} x_1 \\ x_2 \end{bmatrix} = \begin{bmatrix} p_{11}y_1 + p_{12}y_2 \\ p_{21}y_1 + p_{22}y_2 \end{bmatrix} = \begin{bmatrix} p_{11} & p_{12} \\ p_{21} & p_{22} \end{bmatrix} \begin{bmatrix} y_1 \\ y_2 \end{bmatrix}$$

が得られます．よって $\boldsymbol{x} = \begin{bmatrix} x_1 \\ x_2 \end{bmatrix}, \boldsymbol{y} = \begin{bmatrix} y_1 \\ y_2 \end{bmatrix}$ と書けば，この式は

$$\boldsymbol{x} = P\boldsymbol{y} \quad \text{あるいは} \quad \boldsymbol{y} = P^{-1}\boldsymbol{x} \quad \text{（成分表示の変換公式）}$$

となります．P と P^{-1} で混乱しないようにしてください．

● 表現行列の変換 ●

今度は表現行列の変換を計算してみましょう．部分空間 V から W への線形写像 f の表現行列を考えます．わかりやすいように記号を改め，V の基底 $\boldsymbol{a}_1, \boldsymbol{a}_2$ から $\boldsymbol{a}'_1, \boldsymbol{a}'_2$ への基底の変換行列を P，W の基底 $\boldsymbol{b}_1, \boldsymbol{b}_2$ から $\boldsymbol{b}'_1, \boldsymbol{b}'_2$ への基底の変換行列を Q とします．また，$\boldsymbol{a}_1, \boldsymbol{a}_2$ と $\boldsymbol{b}_1, \boldsymbol{b}_2$ に関する f の表現行列を R，$\boldsymbol{a}'_1, \boldsymbol{a}'_2$ と $\boldsymbol{b}'_1, \boldsymbol{b}'_2$ に関する f の表現行列を R' とします．このとき成分表示と表現行列の関係は

$$\begin{bmatrix} y_1 \\ y_2 \end{bmatrix} = R \begin{bmatrix} x_1 \\ x_2 \end{bmatrix}, \quad \begin{bmatrix} y'_1 \\ y'_2 \end{bmatrix} = R' \begin{bmatrix} x'_1 \\ x'_2 \end{bmatrix} \tag{$*$}$$

でした．一方，成分表示の変換は

$$\begin{bmatrix} x_1 \\ x_2 \end{bmatrix} = P \begin{bmatrix} x'_1 \\ x'_2 \end{bmatrix}, \quad \begin{bmatrix} y_1 \\ y_2 \end{bmatrix} = Q \begin{bmatrix} y'_1 \\ y'_2 \end{bmatrix}$$

でした．この式を (*) の左側の式に代入して

$$Q\begin{bmatrix} y'_1 \\ y'_2 \end{bmatrix} = RP\begin{bmatrix} x'_1 \\ x'_2 \end{bmatrix}, \quad \text{つまり} \begin{bmatrix} y'_1 \\ y'_2 \end{bmatrix} = Q^{-1}RP\begin{bmatrix} x'_1 \\ x'_2 \end{bmatrix}$$

が得られます．これを (*) の右側の式と比較して

$$R' = Q^{-1}RP \quad (\text{表現行列の変換公式})$$

がわかります．とくに $V = W$, $\boldsymbol{a}_j = \boldsymbol{b}_j$, $\boldsymbol{a}'_j = \boldsymbol{b}'_j$ のとき，$P = Q$ であり，表現行列の変換は次のとおりです：

$$R' = P^{-1}RP.$$

● $R' = Q^{-1}RP$ の意味 ●

変換公式は複雑そうに見えますが，意味を考えるとよくわかります．

行列の積は写像の合成という意味があります（78 ページ）．表現行列の変換式もこの意味を利用して理解します．上のような成分表示を $\boldsymbol{x} = \begin{bmatrix} x_1 \\ x_2 \end{bmatrix}, \boldsymbol{y} = \begin{bmatrix} y_1 \\ y_2 \end{bmatrix}, \boldsymbol{x}' = \begin{bmatrix} x'_1 \\ x'_2 \end{bmatrix}, \boldsymbol{y}' = \begin{bmatrix} y'_1 \\ y'_2 \end{bmatrix}$ と表します．

R, R', P, Q を前のとおりとします．$\boldsymbol{x}'$ から $\boldsymbol{y}' = R'\boldsymbol{x}'$ へ写す線形写像を次のように考えます：

$$\begin{aligned} &\boldsymbol{x}' \text{ から } \boldsymbol{y}' \text{ へ写す } (\boldsymbol{y}' = R'\boldsymbol{x}') \\ &= \begin{cases} \quad\quad\ ① \ \boldsymbol{x}' \text{ を } \boldsymbol{x} \text{ に写す } (\boldsymbol{x} = P\boldsymbol{x}') \\ \longrightarrow \ ② \ \boldsymbol{x} \text{ を } \boldsymbol{y} \text{ に写す } (\boldsymbol{y} = R\boldsymbol{x}) \\ \longrightarrow \ ③ \ \boldsymbol{y} \text{ を } \boldsymbol{y}' \text{ に写す } (\boldsymbol{y}' = Q^{-1}\boldsymbol{y}) \end{cases} \end{aligned}$$

この一連の操作（写像の合成）が表現行列の変換公式です：

$$\boldsymbol{x}' \underset{P\times}{\overset{①}{\longmapsto}} \boldsymbol{x} = P\boldsymbol{x}' \underset{R\times}{\overset{②}{\longmapsto}} \boldsymbol{y} = R\boldsymbol{x} \underset{Q^{-1}\times}{\overset{③}{\longmapsto}} \boldsymbol{y}' = Q^{-1}\boldsymbol{y}.$$

$$\therefore\ \boldsymbol{y}' = Q^{-1}\boldsymbol{y} = Q^{-1}(R\boldsymbol{x}) = Q^{-1}R(P\boldsymbol{x}') = (Q^{-1}RP)\boldsymbol{x}'.$$

以上のように，「$\boldsymbol{x}'$ から $\boldsymbol{y}' = R'\boldsymbol{x}'$ へ写す写像を $\boldsymbol{x}, \boldsymbol{y}$ に一度変換してから見直す」ことが変換公式の意味です．

線形写像の研究において，良い基底をとる，良い表現行列を考える，

というのは基本的な問題です．典型例は固有ベクトルを利用した表現行列です．次章で紹介します．最後に変換規則をまとめます．

まとめ 15

部分空間 V の基底 $\boldsymbol{a}_1, \cdots, \boldsymbol{a}_n$ に関する成分表示を $\boldsymbol{x} = \begin{bmatrix} x_1 \\ \vdots \\ x_n \end{bmatrix}$，部分空間 W の基底 $\boldsymbol{b}_1, \cdots, \boldsymbol{b}_n$ に関する成分表示を $\boldsymbol{y} = \begin{bmatrix} y_1 \\ \vdots \\ y_m \end{bmatrix}$ とする．

① $\boldsymbol{a}_1, \ldots, \boldsymbol{a}_n$ と $\boldsymbol{b}_1, \ldots, \boldsymbol{b}_m$ に関する線形写像の表現行列 R に対して，

$$\boldsymbol{y} = R\boldsymbol{x}.$$

② V の基底 $\boldsymbol{a}_1, \ldots, \boldsymbol{a}_n$ から $\boldsymbol{a}'_1, \ldots, \boldsymbol{a}'_n$ への基底の変換行列 P に対して，$\boldsymbol{a}'_1, \ldots, \boldsymbol{a}'_n$ に関する成分表示 $\boldsymbol{x}'$ は

$$\boldsymbol{x}' = P^{-1}\boldsymbol{x}.$$

③ さらに W の基底 $\boldsymbol{b}_1, \ldots, \boldsymbol{b}_m$ から $\boldsymbol{b}'_1, \ldots, \boldsymbol{b}'_m$ への基底の変換行列 Q，および $\boldsymbol{a}'_1, \ldots, \boldsymbol{a}'_n$ と $\boldsymbol{b}'_1, \ldots, \boldsymbol{b}'_m$ に関する線形写像の表現行列 R' に対して，

$$R' = Q^{-1}RP.$$

できるかな？　演習問題　(解答は 170 ページ)

(1)　$\boldsymbol{a} = \begin{bmatrix} 1 \\ 0 \\ 1 \end{bmatrix}, \boldsymbol{b} = \begin{bmatrix} 1 \\ -1 \\ 2 \end{bmatrix}$, および $\boldsymbol{c} = \begin{bmatrix} 3 \\ -1 \\ 4 \end{bmatrix}, \boldsymbol{d} = \begin{bmatrix} 5 \\ -2 \\ 7 \end{bmatrix}$ はともに同じ部分空間の基底である．$\boldsymbol{a}, \boldsymbol{b}$ から $\boldsymbol{c}, \boldsymbol{d}$ への基底の変換行列を求めよ

(2)　基底 $\boldsymbol{a} = \begin{bmatrix} 1 \\ -1 \end{bmatrix}, \boldsymbol{b} = \begin{bmatrix} -1 \\ 2 \end{bmatrix}$ に関する行列 $\begin{bmatrix} -4 & -3 \\ 6 & 5 \end{bmatrix}$ が定める線形写像の表現行列を求めよ．

第 7 章の補足

● 表現行列の求め方

$f(\boldsymbol{a}) = r\boldsymbol{a} + s\boldsymbol{b}$，$f(\boldsymbol{b}) = t\boldsymbol{a} + u\boldsymbol{b}$ とおいて r, s, t, u を求めます．r, s, t, u は連立 1 次方程式の解です．この方程式を解くのに，2 式を

$$[f(\boldsymbol{a})\ \ f(\boldsymbol{b})] = [\boldsymbol{a}\ \ \boldsymbol{b}]\begin{bmatrix} r & t \\ s & u \end{bmatrix}$$

と書き直して，逆行列を求めるように $[\boldsymbol{a}\ \ \boldsymbol{b}\ \ f(\boldsymbol{a})\ \ f(\boldsymbol{b})]$ の既約行階段形を求めます．例の場合に実行すると，

$$[\boldsymbol{a}\ \ \boldsymbol{b}\ \ f(\boldsymbol{a})\ \ f(\boldsymbol{b})] = \begin{bmatrix} 1 & 0 & 2 & 2 \\ 0 & 1 & 0 & 1 \\ -1 & -1 & -2 & -3 \end{bmatrix} \text{の既約行階段形は}$$

$$\begin{bmatrix} 1 & 0 & 2 & 2 \\ 0 & 1 & 0 & 1 \\ -1 & -1 & -2 & -3 \end{bmatrix} \xrightarrow[\text{3 行に 2 行を足す}]{\text{3 行に 1 行を足す}} \begin{bmatrix} 1 & 0 & \underline{2} & \underline{2} \\ 0 & 1 & \underline{0} & \underline{1} \\ 0 & 0 & 0 & 0 \end{bmatrix}$$

と求まります．下線を引いた 2 次正方行列が求める表現行列です．

● 基底の変換行列が正則行列であることの証明

本文の記号のもと，$\boldsymbol{a}_1, \boldsymbol{a}_2$ から $\boldsymbol{b}_1, \boldsymbol{b}_2$ への基底の変換行列を P とし，$\boldsymbol{b}_1, \boldsymbol{b}_2$ から $\boldsymbol{a}_1, \boldsymbol{a}_2$ への基底の変換行列を Q とすれば

$$\boldsymbol{x} = P\boldsymbol{y}, \quad \boldsymbol{y} = Q\boldsymbol{x}$$

です．右の式を左の式に代入すれば

$$\boldsymbol{x} = P\boldsymbol{y} = P(Q\boldsymbol{x}) = (PQ)\boldsymbol{x} \quad \therefore (PQ - E)\boldsymbol{x} = \boldsymbol{o}$$

（E は単位行列）が任意の $\boldsymbol{x}$ について成り立ちます．したがって $PQ - E = O$ となり，$PQ = E$ より P, Q は正則行列です．（証明終わり）

勉強のあいまに — 見方を変える大切さ

本章では部分空間や線形写像の成分表示を学びました．「成分表示」は，部分空間を含んでいる数ベクトル空間や，行列で定義される線形写像などから離れて，部分空間自身，線形写像自身に注目する見方です．まわりの状況に関係なく対象の性質に着目します．対象とする部分空間や線形写像の個々の出処も重要ですが，対象自身に迫る見方も重要です．両方の観点をバランスよく考えていきたいものですね．

第 8 章
行列の固有な値
固有値

線形写像のうち，定義域と値域が同一の空間であるものを線形変換といいます．線形変換は，その空間の変化（変換）を引き起こします．「変化」とは例えば，回転や相似拡大などです．

この章では，一般の線形変換がこのような変換かどうかを調べます．

8.1 固有値，固有ベクトル

線形変換の性質として，次の固有値，固有ベクトルが重要です．

固有値，固有ベクトル

線形変換 f に対して，

$$f(\boldsymbol{x}) = \lambda \boldsymbol{x}, \quad \boldsymbol{x} \neq \boldsymbol{o}$$

をみたす λ を f の固有値，$\boldsymbol{x}$ を λ に対する f の固有ベクトルといいます．$f(\boldsymbol{x}) = A\boldsymbol{x}$（$A$ は正方行列）のとき，f の固有値，固有ベクトルを A の固有値，固有ベクトルといいます．

2 次正方行列を例に挙げて紹介します．$A = \begin{bmatrix} -7 & 5 \\ -10 & 8 \end{bmatrix}$ の固有値，固有ベクトルについて，次の計算をみてください．

$$\begin{bmatrix} -7 & 5 \\ -10 & 8 \end{bmatrix} \begin{bmatrix} 1 \\ 1 \end{bmatrix} = \begin{bmatrix} -2 \\ -2 \end{bmatrix} = (-2) \begin{bmatrix} 1 \\ 1 \end{bmatrix},$$

$$\begin{bmatrix} -7 & 5 \\ -10 & 8 \end{bmatrix}\begin{bmatrix} 1 \\ 2 \end{bmatrix} = \begin{bmatrix} 3 \\ 6 \end{bmatrix} = 3\begin{bmatrix} 1 \\ 2 \end{bmatrix}.$$

したがって (-2) と $\begin{bmatrix} 1 \\ 1 \end{bmatrix}$，および 3 と $\begin{bmatrix} 1 \\ 2 \end{bmatrix}$ はそれぞれ A の固有値と，その固有ベクトルです．固有ベクトルの 1 次結合では

$$\begin{aligned} & A\left(x\begin{bmatrix} 1 \\ 1 \end{bmatrix} + y\begin{bmatrix} 1 \\ 2 \end{bmatrix}\right) \\ &= x\,A\begin{bmatrix} 1 \\ 1 \end{bmatrix} + y\,A\begin{bmatrix} 1 \\ 2 \end{bmatrix} = -2x\begin{bmatrix} 1 \\ 1 \end{bmatrix} + 3y\begin{bmatrix} 1 \\ 2 \end{bmatrix} \end{aligned}$$

と計算されます．よって A を掛ける線形変換は，2 つの固有ベクトルに沿った (-2) 倍と 3 倍の拡大になっています（図 8.1）．

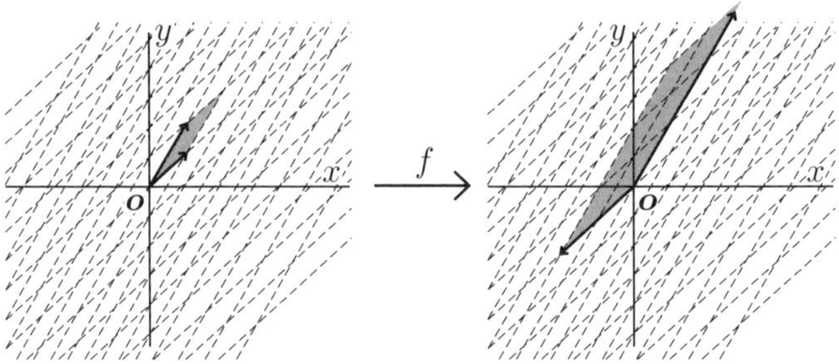

図 8.1 固有ベクトル

● 固有値，固有ベクトルの求め方 ●

線形変換 f が $f(\boldsymbol{x}) = A\boldsymbol{x}$（$A$ は正方行列）と表される場合を説明します．一般の場合は f の表現行列を利用して，この場合に帰着します．

固有値 λ に対する A の固有ベクトルを $\boldsymbol{x}$ とします．このとき $A\boldsymbol{x} = \lambda\boldsymbol{x}$ の右辺 $\lambda\boldsymbol{x}$ を左辺に移項して

$$(A - \lambda E)\boldsymbol{x} = \boldsymbol{o}, \quad \boldsymbol{x} \neq \boldsymbol{o},\ E \text{ は単位行列}$$

と変形できます．もし $A - \lambda E$ が逆行列を持つと，上式の辺々に左から $(A - \lambda E)^{-1}$ を掛けて $\boldsymbol{x} = \boldsymbol{o}$ となり，$\boldsymbol{x} \neq \boldsymbol{o}$ に矛盾します．した

がって $A-\lambda E$ は逆行列を持ちません．ゆえに 37 ページのまとめより $\det(A-\lambda E)=0$ です．以上より次のことがわかります．

① 固有値 λ は $\det(A-\lambda E)=0$ の解である．

② 固有値 λ に対する固有ベクトルは $(A-\lambda E)\boldsymbol{x}=\boldsymbol{o}$ の $\boldsymbol{o}$ でない解である．

以上の①, ②によって固有値，固有ベクトルが求められます．①における λ の多項式 $\det(A-\lambda E)$ を A の固有多項式といいます．（本によっては，$\det(\lambda E-A)=0$ を固有多項式といいます.）

今度は，先程の例で固有値，固有ベクトルを実際に求めてみましょう．まず A の固有多項式を計算します：

$$
\begin{aligned}
&\det\left(\begin{bmatrix}-7 & 5\\ -10 & 8\end{bmatrix}-\begin{bmatrix}\lambda & 0\\ 0 & \lambda\end{bmatrix}\right)=\det\begin{bmatrix}-7-\lambda & 5\\ -10 & 8-\lambda\end{bmatrix}\\
&=(-7-\lambda)(8-\lambda)-5(-10)=(\lambda^2-\lambda-56)+50\\
&=\lambda^2-\lambda-6=(\lambda+2)(\lambda-3).
\end{aligned}
$$

これから A の固有値 $\lambda=-2,3$ が得られます．

次に $(A+2E)\boldsymbol{x}=\boldsymbol{o}$ と $(A-3E)\boldsymbol{x}=\boldsymbol{o}$ をそれぞれ解きます．固有値 -2 に対する固有ベクトルは，

$$
\begin{bmatrix}-7+2 & 5\\ -10 & 8+2\end{bmatrix}\begin{bmatrix}x\\ y\end{bmatrix}=\begin{bmatrix}-5x+5y\\ -10x+10y\end{bmatrix}=\begin{bmatrix}0\\ 0\end{bmatrix}
$$

より，$-5x+5y=0$ を解いて求められます．よって固有ベクトルは定数倍を除いて $\begin{bmatrix}1\\ 1\end{bmatrix}$ です．固有値 3 に対する固有ベクトルも同様に，

$$
\begin{bmatrix}-7-3 & 5\\ -10 & 8-3\end{bmatrix}\begin{bmatrix}x\\ y\end{bmatrix}=\begin{bmatrix}-10x+5y\\ -10x+5y\end{bmatrix}=\begin{bmatrix}0\\ 0\end{bmatrix}
$$

より，$-10x+5y=0$ を解いて求められます．よって固有ベクトルは定数倍を除いて $\begin{bmatrix}1\\ 2\end{bmatrix}$ です．これが先程の例でした．

まとめ 16

行列 A の固有値 λ は，$\det(A-\lambda E)=0$ を解いて求められる．固有値 λ の固有ベクトルは $(A-\lambda E)\boldsymbol{x}=\boldsymbol{o}$ を解いて求められる．

2 次正方行列 A の場合は，固有値 λ を利用して $A-\lambda E$ の $\boldsymbol{o}$ でない列ベクトルが固有ベクトルです．ただし固有値は λ とは限りません．

8.2 対角化

さて，今度は固有ベクトルがどれくらいあるか，考えましょう．前節の例では「すべてのベクトルを 2 つの固有ベクトルの 1 次結合で表す」ことができました．この場合が最も理想的な場合です．

理想的でない場合は例えば $A=\begin{bmatrix}0&1\\0&0\end{bmatrix}$ を考えます．A の固有多項式は

$$\det(A-\lambda E)=\det\begin{bmatrix}-\lambda&1\\0&-\lambda\end{bmatrix}=\lambda^2$$

ですから，固有値は $\lambda=0$ しかありません．しかも固有ベクトルは，

$$\begin{bmatrix}0&1\\0&0\end{bmatrix}\begin{bmatrix}x\\y\end{bmatrix}=\begin{bmatrix}y\\0\end{bmatrix}=\begin{bmatrix}0\\0\end{bmatrix}\qquad\therefore y=0$$

より，$\begin{bmatrix}1\\0\end{bmatrix}$ の零でないスカラー倍しかありません．よって「すべての 2 次元ベクトルを固有ベクトルの 1 次結合で表す」ことができません．

このような理想的でない場合は，固有多項式に重根がある場合に起こります．ただし重根があるときにいつも起こるというわけではありません．例えば $A=\lambda E$（E は単位行列）の場合は，固有値は λ のみで，$\boldsymbol{o}$ でないすべてのベクトルが固有値 λ に対する固有ベクトルです．

理想的な場合を一般に述べると次のようになります：「n 次正方行列 A に対して，すべての n 次元ベクトルが A の固有ベクトルの 1 次結合で表される．」 このとき A は対角化可能であるといいます．

8.3 ジョルダン標準形

対角化可能でない行列にも応用できる行列の標準形があります．例えばジョルダン標準形はその 1 つです．ジョルダン標準形とは，

$$[\lambda], \begin{bmatrix} \lambda & 1 \\ 0 & \lambda \end{bmatrix}, \begin{bmatrix} \lambda & 1 & 0 \\ 0 & \lambda & 1 \\ 0 & 0 & \lambda \end{bmatrix}, \begin{bmatrix} \lambda & 1 & 0 & 0 \\ 0 & \lambda & 1 & 0 \\ 0 & 0 & \lambda & 1 \\ 0 & 0 & 0 & \lambda \end{bmatrix}, \begin{bmatrix} \lambda & 1 & 0 & 0 & 0 \\ 0 & \lambda & 1 & 0 & 0 \\ 0 & 0 & \lambda & 1 & 0 \\ 0 & 0 & 0 & \lambda & 1 \\ 0 & 0 & 0 & 0 & \lambda \end{bmatrix}, \ldots$$

(対角成分はすべて λ，その右隣りはすべて 1，その他の成分は 0)

の形の行列をいくつか対角に並べた正方行列のことです．対角行列もジョルダン標準形です．例えば，2, 3 次正方行列のジョルダン標準形は

$$\begin{bmatrix} \lambda & 0 \\ 0 & \mu \end{bmatrix}, \begin{bmatrix} \lambda & 1 \\ 0 & \lambda \end{bmatrix}, \begin{bmatrix} \lambda & 0 & 0 \\ 0 & \mu & 0 \\ 0 & 0 & \delta \end{bmatrix}, \begin{bmatrix} \lambda & 0 & 0 \\ 0 & \lambda & 0 \\ 0 & 0 & \mu \end{bmatrix}, \begin{bmatrix} \lambda & 1 & 0 \\ 0 & \lambda & 0 \\ 0 & 0 & \mu \end{bmatrix}, \begin{bmatrix} \lambda & 1 & 0 \\ 0 & \lambda & 1 \\ 0 & 0 & \lambda \end{bmatrix}$$

などです．一般に次の定理が知られています．

定理 n 次正方行列 A に対して，ある n 次正則行列 P が存在して，$J = P^{-1}AP$ はジョルダン標準形になる．

この J を A のジョルダン標準形といいます．P^{-1} や P を掛けているのは，基底の変換を意味しています (88 ページ参照)．本書では 2 次正方行列の場合について説明します．

● 2 次正方行列の場合 ●

2 次正方行列の場合に説明します．対角化可能でない 2 次正方行列 A は，固有値が 1 つしかありません．さらに，例えば固有値を λ とすると，$A - \lambda E$ は零行列 O ではありません．

$A - \lambda E$ の行列式は 0 なので，$A - \lambda E$ の列ベクトルは平行です．そこで $\boldsymbol{o}$ でないものを $\boldsymbol{a}$ とおくと，$(A - \lambda E)\boldsymbol{a}$ も（列ベクトルの 1 次結合なので）$\boldsymbol{a}$ のスカラー倍です．したがって $\boldsymbol{a}$ は $A - \lambda E$ の固有ベクトルです．さらに

$$(A - \lambda E)\boldsymbol{a} = \mu\boldsymbol{a}. \quad \therefore\ A\boldsymbol{a} = (\lambda + \mu)\boldsymbol{a}$$

より，$\boldsymbol{a}$ は A の固有ベクトルにもなっています．$\mu = 0$ もわかります．

いま $\boldsymbol{e}_1 = \begin{bmatrix} 1 \\ 0 \end{bmatrix}, \boldsymbol{e}_2 = \begin{bmatrix} 0 \\ 1 \end{bmatrix}$ のうち，$\boldsymbol{a}$ と平行でないベクトル $\boldsymbol{e}_i$ で $(A - \lambda E)\boldsymbol{e}_i = \alpha \boldsymbol{a}$ $(\alpha \neq 0)$ とできます．実際 $\alpha = 0$ となるのは $\boldsymbol{a}$ と平行なベクトルだからです．ここで改めて $\boldsymbol{a}$ を $\boldsymbol{a} = (A - \lambda E)\boldsymbol{e}_i$ により定義し，$\boldsymbol{b} = \boldsymbol{e}_i$ とおけば，$A\boldsymbol{a} = \lambda \boldsymbol{a}$, $A\boldsymbol{b} = \lambda \boldsymbol{b} + \boldsymbol{a}$ となります．よって $\boldsymbol{a}, \boldsymbol{b}$ に関する A の表現行列 J は[1]

$$\begin{cases} A\boldsymbol{a} = \lambda \boldsymbol{a} \\ A\boldsymbol{b} = \ \ \boldsymbol{a} + \lambda \boldsymbol{b} \end{cases} \quad \text{より} \quad J = \begin{bmatrix} \lambda & 1 \\ 0 & \lambda \end{bmatrix}$$

です．基底の変換による表現行列の変換から

$$P^{-1}AP = J \quad (\text{ただし } P = [\boldsymbol{a} \ \ \boldsymbol{b}])$$

であり，A のジョルダン標準形が得られます．

● 2 次正方行列の計算 ●

具体的に 2 次正方行列のジョルダン標準形を求めます．$A = \begin{bmatrix} 0 & 4 \\ -1 & 4 \end{bmatrix}$ とします．まず A の固有ベクトルを求めます．A の固有多項式

$$\det \begin{bmatrix} -\lambda & 4 \\ -1 & 4 - \lambda \end{bmatrix} = \lambda^2 - 4\lambda + 4 = (\lambda - 2)^2$$

より，A の固有値は 2 です．固有ベクトルは，スカラー倍を除いて

$$A - 2E = \begin{bmatrix} 0 - 2 & 4 \\ -1 & 4 - 2 \end{bmatrix} = \begin{bmatrix} -2 & 4 \\ -1 & 2 \end{bmatrix}$$

より $\boldsymbol{a} = \begin{bmatrix} -2 \\ -1 \end{bmatrix}$ になります．$\boldsymbol{b} = \begin{bmatrix} 1 \\ 0 \end{bmatrix}$ とおけば $(A - \lambda E)\boldsymbol{b} = \boldsymbol{a}$ をみたします．したがって $P = \begin{bmatrix} -2 & 1 \\ -1 & 0 \end{bmatrix}$ とおいて，$P^{-1} = \begin{bmatrix} 0 & -1 \\ 1 & -2 \end{bmatrix}$ より

$$P^{-1}AP = \begin{bmatrix} 0 & -1 \\ 1 & -2 \end{bmatrix} \begin{bmatrix} 0 & 4 \\ -1 & 4 \end{bmatrix} \begin{bmatrix} -2 & 1 \\ -1 & 0 \end{bmatrix} = \begin{bmatrix} 2 & 1 \\ 0 & 2 \end{bmatrix}$$

と A のジョルダン標準形が求まります．

---

[1] 84 ページ，補足参照．

8.4 行列のべき乗

これまで行列の対角化やジョルダン標準形を説明してきました．このような標準形は行列のべき乗の計算に応用できます．行列のべき乗は応用上，重要です．次章でべき乗の応用を説明します．ここではべき乗の計算方法をまとめます．

簡単のため，これまでに計算した正方行列 A, B について説明します：

① $A = \begin{bmatrix} -7 & 5 \\ -10 & 8 \end{bmatrix}$ (対角化可能な場合)

② $B = \begin{bmatrix} 0 & 4 \\ -1 & 4 \end{bmatrix}$ (対角化可能でない場合)

① 対角化可能な場合

A の固有値，固有ベクトルは 91 ページで計算しました：

$$\begin{bmatrix} -7 & 5 \\ -10 & 8 \end{bmatrix}\begin{bmatrix} 1 \\ 1 \end{bmatrix} = (-2)\begin{bmatrix} 1 \\ 1 \end{bmatrix}, \quad \begin{bmatrix} -7 & 5 \\ -10 & 8 \end{bmatrix}\begin{bmatrix} 1 \\ 2 \end{bmatrix} = 3\begin{bmatrix} 1 \\ 2 \end{bmatrix}.$$

前節のジョルダン標準形の計算と同様に，基底 $\begin{bmatrix} 1 \\ 1 \end{bmatrix}, \begin{bmatrix} 1 \\ 2 \end{bmatrix}$ に関する表現行列は $D = \begin{bmatrix} -2 & 0 \\ 0 & 3 \end{bmatrix}$ となります．また基底の変換も考慮すると

$$P^{-1}AP = D \quad \therefore A = PDP^{-1}. \quad \text{ただし } P = \begin{bmatrix} 1 & 1 \\ 1 & 2 \end{bmatrix}$$

と変形できます．こうすると A のべき乗の計算が容易です．まず

$$\begin{aligned} A^2 &= (PDP^{-1})(PDP^{-1}) = PD(P^{-1}P)DP^{-1} = PD^2P^{-1}, \\ A^3 &= (PDP^{-1})(PDP^{-1})(PDP^{-1}) \\ &= PD(P^{-1}P)D(P^{-1}P)DP^{-1} = PD^3P^{-1}, \\ &\ \vdots \qquad\qquad \vdots \\ A^n &= \underbrace{(PDP^{-1})\cdots(PDP^{-1})}_{n\text{ 個}} = PD^nP^{-1} \end{aligned}$$

と表され，A^n の計算は D^n の計算に帰着されます．D は対角行列なので $D^n = \begin{bmatrix} (-2)^n & 0 \\ 0 & 3^n \end{bmatrix}$ です．以上により A^n が求められます：

$$\begin{aligned} A^n &= \begin{bmatrix} 1 & 1 \\ 1 & 2 \end{bmatrix} \begin{bmatrix} (-2)^n & 0 \\ 0 & 3^n \end{bmatrix} \begin{bmatrix} 2 & -1 \\ -1 & 1 \end{bmatrix} \\ &= \begin{bmatrix} 2(-2)^n - 3^n & -(-2)^n + 3^n \\ 2(-2)^n - 2 \cdot 3^n & -(-2)^n + 2 \cdot 3^n \end{bmatrix}. \end{aligned}$$

● ② 対角化可能でない場合 ●

この場合も①と同様ですが，ジョルダン標準形をべき乗します：

$$\begin{bmatrix} 2 & 1 \\ 0 & 2 \end{bmatrix}^n = \begin{bmatrix} 2^n & 2^{n-1}n \\ 0 & 2^n \end{bmatrix}.$$

この公式は n に関する数学的帰納法で確認できます．$n = 1$ では公式は自明です．n で公式が正しいとすると，$J = \begin{bmatrix} 2 & 1 \\ 0 & 2 \end{bmatrix}$ とおいて

$$\begin{aligned} J^{n+1} = J^n J &= \begin{bmatrix} 2^n & 2^{n-1}n \\ 0 & 2^n \end{bmatrix} \begin{bmatrix} 2 & 1 \\ 0 & 2 \end{bmatrix} \quad (\because \text{帰納法の仮定}) \\ &= \begin{bmatrix} 2^{n+1} & 2^n + 2^n n \\ 0 & 2^{n+1} \end{bmatrix} = \begin{bmatrix} 2^{n+1} & 2^n(n+1) \\ 0 & 2^{n+1} \end{bmatrix} \end{aligned}$$

となり，$n + 1$ でも公式が正しいことがわかります．したがって数学的帰納法により，すべての n に対して J^n の公式が証明できました．

96 ページの計算より $B = PJP^{-1}$ （ただし $P = \begin{bmatrix} -2 & 1 \\ -1 & 0 \end{bmatrix}$）と表せ，$A^n$ の計算と同様に $B^n = PJ^nP^{-1}$ となり，B^n が求められます：

$$\begin{aligned} B^n &= \begin{bmatrix} -2 & 1 \\ -1 & 0 \end{bmatrix} \begin{bmatrix} 2^n & 2^{n-1}n \\ 0 & 2^n \end{bmatrix} \begin{bmatrix} 0 & -1 \\ 1 & -2 \end{bmatrix} \\ &= \begin{bmatrix} 2^n - 2 \cdot 2^{n-1}n & 4 \cdot 2^{n-1}n \\ -2^{n-1}n & 2^n + 2 \cdot 2^{n-1}n \end{bmatrix} \\ &= \begin{bmatrix} 2^n(1-n) & 2^{n+1}n \\ -2^{n-1}n & 2^n(1+n) \end{bmatrix}. \end{aligned}$$

まとめ 17

A を n 次正方行列とする.

① $A\boldsymbol{x} = \lambda\boldsymbol{x}$ $(\boldsymbol{x} \neq \boldsymbol{o})$ をみたす λ, $\boldsymbol{x}$ をそれぞれ A の固有値, 固有ベクトルという.

② ある n 次正則行列 P を用いて, $P^{-1}AP$ をジョルダン標準形にできる.

③ ②の表示を利用して $P^{-1}AP = J$ とおくと, $A = PJP^{-1}$ と表せ, $A^n = PJ^nP^{-1}$ $(n = 1, 2, 3, \ldots)$ と計算できる.

できるかな？　演習問題 (解答は 170 ページ)

次の行列の n 乗を計算せよ.

(1) $\begin{bmatrix} 5 & 3 \\ -6 & -4 \end{bmatrix}$　(2) $\begin{bmatrix} 2 & -1 \\ 9 & -4 \end{bmatrix}$

勉強のあいまに — 固有値の研究

正方行列の固有値はとにかく重要です. 固有値の話を理解するために線形代数を勉強する, といっても過言ではないくらいです.

固有値が重要である理由は正方行列が線形変換を表すからです.「変換」は, 対象の特別な性質や対称性などを反映した重要な対象です. ですから「変換」を知ることは重要なテーマです.

例えば, 固有値がわかると, 行列のべき乗の様子がわかります. べき乗の様子から漸化式（第 9 章）や線形微分方程式の解の様子がわかります. また, 固有値から 2 次曲線や多変数関数の極値の様子がわかります（第 11 章).

固有値の応用は画像処理や統計などまだまだあります. みなさんが勉強を続ける間にどのくらい固有値に遭遇するでしょうか.

第9章 少しずつ変わる式
数列と漸化式

固有値，固有ベクトルの応用です．行列のべき乗の計算がポイントです．

9.1 数列

はじめに数列について紹介します．

数を並べた列のことを数列といい，記号で表す場合，

$$a_1, a_2, a_3, \ldots, a_n, \ldots$$

と表します．全部まとめて書く場合は $\{a_n\}$ と表します．数列において，n 番目の項を第 n 項といいます．第 n 項は一般項ともいいます．

例えば，次は数列の例です．

$$\bullet 1, 2, 3, \ldots, n \quad (\text{第 } n \text{ 項}), \ldots$$

$$\bullet 1, 3, 5, \ldots, 2n-1 \quad (\text{第 } n \text{ 項}), \ldots$$

$$\bullet 1, 2, 4, 8, \ldots, 2^{n-1} \quad (\text{第 } n \text{ 項}), \ldots$$

もちろん，第 n 項を n の式で表せないものもあります．ですが，本書では主に n の式で表せるものを考えます．

基本的な数列を 2 つ紹介します．

等差数列 数列の第 n 項が $an+b$ の形（a, b は定数）の数列を等差数列といいます．となりあう各項の差が一定である数列です．例えば

$$0, 2, 4, 6, 8, 10, \ldots, 2n-2 \quad (\text{第 } n \text{ 項}), \ldots$$

は等差数列です．

等比数列 数列の第 n 項が ar^{n-1} の形の数列を等比数列といいます．（ただし $0^0 = 1$ と約束します．）（数列のどの項も 0 でないとき）となりあう各項の比が一定である数列です．例えば

$$1, 2, 4, 8, 16, 32, \ldots, 2^{n-1} \quad (\text{第 } n \text{ 項}), \ldots$$

は等比数列です．

9.2 漸化式

数列の各項を，その項より前の項から一意的に定める式を漸化式（ぜんかしき）といいます．漸化式をみたす数列 $\{a_n\}$（の一般項）を求めることを「漸化式を解く」といい，その数列 $\{a_n\}$ を「漸化式の解」といいます．基本的な漸化式の例を 3 つ挙げます．

● 漸化式の例 ●

① $a_{n+1} = a_n + d \ (n = 1, 2, 3, \ldots)$.

この漸化式で定まる数列 $\{a_n\}$ の項は d ずつ増えていきます．よって

$$a_1, a_2 = a_1 + d, a_3 = a_2 + d = a_1 + 2d, \ldots,$$
$$a_n = a_1 + d(n-1), \ldots$$

となり，この数列 $\{a_n\}$ は等差数列です．

② $a_{n+1} = pa_n \ (n = 1, 2, 3, \ldots)$.

この漸化式で定まる数列 $\{a_n\}$ は，

$$a_1, a_2 = pa_1, a_3 = pa_2 = p^2 a_1, \ldots,$$

$$a_n = pa_{n-1} = p^2 a_{n-2} = \cdots = p^{n-1} a_1, \ldots$$

となります．したがって，この数列 $\{a_n\}$ は等比数列です．

③ $a_{n+1} = pa_n + q$ $(n = 1, 2, 3, \ldots)$.

この漸化式は②より q の分だけ違いますが，この場合の第 n 項も簡単に計算できます．解法を説明します．

$p = 1$ のとき，①の等差数列が解になります．次に $p \neq 1$ とします．$a_1 = a_2 = \cdots = \alpha$ のように各項が等しい数列で，この漸化式をみたすものを求めます．つまり

$$\alpha = p\alpha + q$$

を解きます．$p \neq 1$ と仮定したので $\alpha = q/(1-p)$ です．そこで漸化式 $a_{n+1} = pa_n + q$ から $\alpha = p\alpha + q$ を辺々引いて，

$$(a_{n+1} - \alpha) = p(a_n - \alpha)$$

が得られます．$b_n = a_n - \alpha$ で定義される数列 $\{b_n\}$ は，上の計算より $b_{n+1} = pb_n$ をみたします．ゆえに②の解より第 n 項が求まります：

$$b_n = p^{n-1} b_1. \quad \therefore a_n = p^{n-1}(a_1 - \alpha) + \alpha.$$

以上が漸化式の例と解です．複雑な漸化式は解けないのが普通です．つまり第 n 項を n で記述するのが困難です．もし研究するならば

- 複雑でも重要な漸化式なら，第 n 項をなんとか評価する．
- 由緒正しい漸化式を発見し，解を調べる．

という道が考えられます．数学の研究を始めてみますか．

9.3 ベクトル列と漸化式

数の列だけでなく，ベクトルの列についても考えます．そして，これまで学んだ行列の話を応用します．

まず，数列と同様にベクトルの列をベクトル列といいます．例えば，

$$\boldsymbol{a}_1 = \begin{bmatrix} a_1 \\ b_1 \end{bmatrix}, \boldsymbol{a}_2 = \begin{bmatrix} a_2 \\ b_2 \end{bmatrix}, \boldsymbol{a}_3 = \begin{bmatrix} a_3 \\ b_3 \end{bmatrix}, \ldots, \boldsymbol{a}_n = \begin{bmatrix} a_n \\ b_n \end{bmatrix}, \cdots$$

という具合です．このベクトル列を $\{\boldsymbol{a}_n\}$ と表します．

ベクトル列に対しても同様に漸化式が考えられます．ここでは d 次元数ベクトルの列 $\{\boldsymbol{a}_n\}$ が次のように定まるものを調べます：

$$\boldsymbol{a}_{n+1} = A\boldsymbol{a}_n \ (n = 1, 2, 3, \ldots), \quad A \text{ は } d \text{ 次正方行列}$$

この漸化式を定数係数線形漸化式といいます．議論を簡単にするため $d = 2$ として説明します．一般の d でも同様です．

● ベクトル列の定数係数線形漸化式 ●

ベクトル列 $\left\{\boldsymbol{a}_n = \begin{bmatrix} a_n \\ b_n \end{bmatrix}\right\}$ が

$$\boldsymbol{a}_{n+1} = A\boldsymbol{a}_n \ (n = 1, 2, 3, \ldots)$$

で定まるとします．このとき

$$\begin{aligned}
\boldsymbol{a}_2 &= A\boldsymbol{a}_1, \\
\boldsymbol{a}_3 &= A\boldsymbol{a}_2 = A^2\boldsymbol{a}_1, \\
\boldsymbol{a}_4 &= A\boldsymbol{a}_3 = A^2\boldsymbol{a}_2 = A^3\boldsymbol{a}_1, \\
&\ \vdots \qquad \vdots \\
\boldsymbol{a}_{n+1} &= A\boldsymbol{a}_n = A^2\boldsymbol{a}_{n-1} = \cdots = A^n\boldsymbol{a}_1
\end{aligned}$$

となります．したがって $\{\boldsymbol{a}_n\}$ は $\boldsymbol{a}_1$ で一意的に決まります．

第 n 項を具体的に求める方法は，A が対角化可能か，そうでないかによって違います．

① A が対角化可能である場合

A の 1 次独立な固有ベクトルを 2 つとります（例えば $\boldsymbol{c}, \boldsymbol{d}$ とし，固有値はそれぞれ λ, μ とします）．$\boldsymbol{a}_1 = \alpha\boldsymbol{c} + \beta\boldsymbol{d}$ と表して

$$\boldsymbol{a}_{n+1} = A^n\boldsymbol{a}_1 = A^n(\alpha\boldsymbol{c} + \beta\boldsymbol{d})$$

$$= \alpha A^n \boldsymbol{c} + \beta A^n \boldsymbol{d} = \alpha \lambda^n \boldsymbol{c} + \beta \mu^n \boldsymbol{d}$$

となり，第 $n+1$ 項が求まります．この場合の方針をまとめます．

まとめ 18

A が対角化可能な場合（A が異なる 2 つの固有値をもつか，単位行列のスカラー倍の場合）：

① A の固有値 λ, μ と，その固有ベクトル $\boldsymbol{c}, \boldsymbol{d}$ を求める．

② 第 n 項 $\boldsymbol{a}_n$ は $\boldsymbol{a}_n = \alpha\lambda^{n-1}\boldsymbol{c} + \beta\mu^{n-1}\boldsymbol{d}$ と求まる．ただし α, β は $\boldsymbol{a}_1 = \alpha\boldsymbol{c} + \beta\boldsymbol{d}$ で定まる．

例えば $A = \begin{bmatrix} -7 & 5 \\ -10 & 8 \end{bmatrix}$ のとき，これまで計算したように，A は対角化可能で，固有値，固有ベクトルは

$$\begin{cases} \text{固有値 } -2, & \text{固有ベクトル} \begin{bmatrix} 1 \\ 1 \end{bmatrix} \\ \text{固有値 } 3, & \text{固有ベクトル} \begin{bmatrix} 1 \\ 2 \end{bmatrix} \end{cases}$$

です．したがって，この数列の第 n 項 $\boldsymbol{a}_n$ は次のとおりです：

$$\alpha(-2)^{n-1}\begin{bmatrix} 1 \\ 1 \end{bmatrix} + \beta\, 3^{n-1}\begin{bmatrix} 1 \\ 2 \end{bmatrix} = \begin{bmatrix} \alpha(-2)^{n-1} + \beta\, 3^{n-1} \\ \alpha(-2)^{n-1} + \beta\, 2\cdot 3^{n-1} \end{bmatrix}.$$

② A が対角化可能でない場合

この場合は，次のような 1 次独立なベクトル $\boldsymbol{c}, \boldsymbol{d}$ をとります：

$$A\boldsymbol{c} = \lambda\boldsymbol{c}, \quad A\boldsymbol{d} = \lambda\boldsymbol{d} + \boldsymbol{c}.$$

求め方はジョルダン標準形を求める際に説明しました (95 ページ)．これらのベクトルについて $A^n\boldsymbol{c}, A^n\boldsymbol{d}$ は次のようになります：

$$A^n\boldsymbol{c} = \lambda^n\boldsymbol{c}, \quad A^n\boldsymbol{d} = \lambda^n\boldsymbol{d} + n\lambda^{n-1}\boldsymbol{c}.$$

2 番目の等式を数学的帰納法で確認します．$n = 1$ のとき，$\boldsymbol{c}, \boldsymbol{d}$ の定義より $A\boldsymbol{d} = \lambda\boldsymbol{d} + \boldsymbol{c}$ が従います．$n - 1 \geq 1$ に対して $A^{n-1}\boldsymbol{d} =$

$\lambda^{n-1}\boldsymbol{d}+(n-1)\lambda^{n-2}\boldsymbol{c}$ と仮定します．そこで $A^n\boldsymbol{d}$ を計算します：

$$\begin{aligned}A^n\boldsymbol{d}&=A(A^{n-1}\boldsymbol{d})\\&=A\{\lambda^{n-1}\boldsymbol{d}+(n-1)\lambda^{n-2}\boldsymbol{c}\}\quad(\because\ \text{帰納法の仮定})\\&=\lambda^{n-1}A\boldsymbol{d}+(n-1)\lambda^{n-2}A\boldsymbol{c}\\&=\lambda^{n-1}(\lambda\boldsymbol{d}+\boldsymbol{c})+(n-1)\lambda^{n-1}\boldsymbol{c}\quad(A\ \text{を計算})\\&=\lambda^n\boldsymbol{d}+\lambda^{n-1}\boldsymbol{c}+(n-1)\lambda^{n-1}\boldsymbol{c}\\&=\lambda^n\boldsymbol{d}+n\lambda^{n-1}\boldsymbol{c}.\end{aligned}$$

よって数学的帰納法より $A^n\boldsymbol{d}$ の式が確認できました．

いま $\boldsymbol{a}_1=\alpha\boldsymbol{c}+\beta\boldsymbol{d}$ と表せば

$$\begin{aligned}\boldsymbol{a}_{n+1}&=\alpha A^n\boldsymbol{c}+\beta A^n\boldsymbol{d}\\&=\alpha\lambda^n\boldsymbol{c}+\beta(\lambda^n\boldsymbol{d}+n\lambda^{n-1}\boldsymbol{c})\\&=(\alpha\lambda^n+n\beta\lambda^{n-1})\boldsymbol{c}+\beta\lambda^n\boldsymbol{d}\quad(n\geq 1)\end{aligned}$$

です．$n=0$ のときも正しいです[1]．この場合の方針をまとめます．

まとめ 19

A が対角化可能でない場合（A が単位行列のスカラー倍でなく，固有値が 1 つしかない場合）：

① A の固有値 λ，固有ベクトル $\boldsymbol{c}$ を求める．また $(A-\lambda E)\boldsymbol{d}=\boldsymbol{c}$ となる $\boldsymbol{d}$ を求める．

② 第 $n+1$ 項 $\boldsymbol{a}_{n+1}$ は $(\alpha\lambda^n+n\beta\lambda^{n-1})\boldsymbol{c}+\beta\lambda^n\boldsymbol{d}$ $(n\geq 0)$ と求まる．ただし α,β は $\boldsymbol{a}_1=\alpha\boldsymbol{c}+\beta\boldsymbol{d}$ で定まる．

例えば $A=\begin{bmatrix}0&4\\-1&4\end{bmatrix}$ のとき，A は対角化可能でありません（96 ページ参照）．この場合，A の固有値は 2 で，$\boldsymbol{c},\boldsymbol{d}$ を

$$\boldsymbol{c}=\begin{bmatrix}-2\\-1\end{bmatrix},\boldsymbol{d}=\begin{bmatrix}1\\0\end{bmatrix}$$

[1] ただし $\lambda=0$ のとき，この表記のままで $\lambda^0=1,\ 0\lambda^{-1}=0$ と約束します．今後も同様です．

とおきます．上の計算を用いて一般項が求まります：

$$\begin{aligned}\boldsymbol{a}_{n+1} &=(2\alpha+\beta n)2^{n-1}\begin{bmatrix}-2\\-1\end{bmatrix}+\beta\,2^n\begin{bmatrix}1\\0\end{bmatrix}\\ &=\begin{bmatrix}2^n(-2\alpha+\beta-\beta n)\\-2^{n-1}(2\alpha+\beta n)\end{bmatrix}\quad (n\geq 0).\end{aligned}$$

● 隣接 3 項間の漸化式 ●

次の漸化式を隣接 3 項間の漸化式といいます：

$$a_{n+2}+pa_{n+1}+qa_n=0\ \ (n=1,2,3,\ldots).$$

一般に隣接 $k+1$ 項間の漸化式は

$$a_{n+k}+p_1a_{n+k-1}+p_2a_{n+k-2}+\cdots+p_{k-1}a_{n+1}+p_ka_n=0$$

$(n=1,2,3,\ldots)$ です．簡単のため $k=2$ の場合を説明します．さらに p,q は n によらない定数とします．そこで

$$\begin{bmatrix}a_{n+1}\\a_{n+2}\end{bmatrix}=\begin{bmatrix}a_{n+1}\\-pa_{n+1}-qa_n\end{bmatrix}=\begin{bmatrix}0&1\\-q&-p\end{bmatrix}\begin{bmatrix}a_n\\a_{n+1}\end{bmatrix}$$

と変形します．いま $\boldsymbol{a}_n=\begin{bmatrix}a_n\\a_{n+1}\end{bmatrix}$, $A=\begin{bmatrix}0&1\\-q&-p\end{bmatrix}$ とおけば，上の変形より $\boldsymbol{a}_{n+1}=A\boldsymbol{a}_n$ となります．したがって前小節の場合に帰着されます．よって A の固有値，固有ベクトルを求めれば，数列 $\{a_n\}$ の一般項が求まります．この解法に沿って，次のように解きます．

A の固有多項式は $\lambda^2+p\lambda+q$ です：

$$\det\begin{bmatrix}-\lambda&1\\-q&-p-\lambda\end{bmatrix}=(-\lambda)(-p-\lambda)+q=\lambda^2+p\lambda+q.$$

この式を漸化式の特性多項式といいます．ちょうど漸化式の a_{n+2}, a_{n+1}, a_n を $\lambda^2,\lambda,1$ に置き換えた式です．

① $\lambda^2+p\lambda+q$ が異なる 2 根を持つ場合．

この場合は A が対角化可能な場合に対応します．固有値を λ, μ とすると，固有ベクトルから定まる数列は等比数列になります：

$$\{1, \lambda, \lambda^2, \ldots, \lambda^{n-1} \quad (\text{第 } n \text{ 項}), \ldots\}$$
$$\{1, \mu, \mu^2, \ldots, \mu^{n-1} \quad (\text{第 } n \text{ 項}), \ldots\}.$$

実際，$\boldsymbol{a}_{n+1} = A\boldsymbol{a}_n = \lambda\boldsymbol{a}_n$ より

$$\begin{bmatrix} a_{n+1} \\ a_{n+2} \end{bmatrix} = \lambda \begin{bmatrix} a_n \\ a_{n+1} \end{bmatrix} \quad \therefore\ a_{n+1} = \lambda a_n$$

だからです．よって一般の場合は a_1, a_2 について

$$\begin{cases} x + \ \ y = a_1 \\ \lambda x + \mu y = a_2 \end{cases}$$

を解いて（解を $x = \alpha,\ y = \beta$ とすると），一般項が求まります：

$$a_n = \alpha\lambda^{n-1} + \beta\,\mu^{n-1}.$$

② $\lambda^2 + p\lambda + q$ が重根を持つ場合．

この根を λ とします．よって $p = -2\lambda,\ q = \lambda^2$ です．このとき，等比数列 $\{1, \lambda, \lambda^2, \ldots\}$ と数列

$$\{0, 1, 2\lambda, 3\lambda^2, \ldots, (n-1)\lambda^{n-2} \quad (\text{第 } n \text{ 項}), \ldots\}$$

が漸化式の解になります．この等比数列は①と同様に解です．もう一方は，漸化式に代入して計算すると，解になることがわかります：

$$\begin{aligned} &\{(n+1)\lambda^n\} + (-2\lambda)(n\lambda^{n-1}) + \lambda^2\{(n-1)\lambda^{n-2}\} \\ =&\lambda^n\{(n+1) - 2n + (n-1)\} = 0. \end{aligned}$$

以上により，一般の数列の第 n 項は

$$a_n = \alpha\lambda^{n-1} + \beta(n-1)\lambda^{n-2}$$

(α, β は定数）となります[2]．α, β は a_1, a_2 から定まります．$\lambda \neq 0$ のとき λ^{n-1} でくくって整理すると，第 n 項は次のように書き直せます：

$$a_n = (a + bn)\lambda^{n-1} \quad (a, b \text{ は定数}).$$

a, b は $a_1 = a + b, a_2 = \lambda(a + 2b)$ によって決定します．

例えば，$a_{n+2} - 4a_{n+1} + 4a_n = 0$ で定まる数列は $a_n = (a + bn)2^{n-1}$ の形です．もし $a_1 = 2, a_2 = 6$ ならば，$2 = a + b$, $6 = 2(a + 2b)$ を解いて $a = 1, b = 1$ を得ます．よって第 n 項は $a_n = (1 + n)2^{n-1}$ です．

以上の解法は，行列のべき乗を計算する方法に従ってまとめました．数列自身を「抽象的なベクトルと考えて」解法を見直すこともできます．第 12 章，160 ページで紹介します．そこで説明するように，やや唐突に見える解法も実は自然なアプローチであることがわかります．

9.4 応用

数列の学び始めは，並んでいる数の規則を探したり，逆に，並んだ数の規則から一般項を求めるだけで，何かパズルでも解いているような感じになります．

ところが，数列には重要な応用もあります．例えば，第 1 項，第 2 項，第 3 項，…と決まる数列を，ある時点を基準にして 1 週間後の○○の数，2 週間後の○○の数，3 週間後の○○の数，…と解釈します．すると n 週間後の○○の数を知りたくなりませんか．

例えば，次のような例を考えてみましょう．ある集落にかぜが流行したとします．かぜをひいている人と健康な人（かぜが治った人も含む）の人数の一週間ごとの推移は，健康な人の 1 割がかぜをひき，かぜをひいていた人の半分が治るとします（統計的な仮定．ほかの要因は無視します）．

[2] ただし，ここでも $\lambda = 0$ のときはこの表記のままで $\lambda^0 = 1$, $0\lambda^{-1} = 0$ と約束します．

n 週間後，かぜをひいている人の人数を漸化式で解析してみましょう．n 週間後のこの集落の健康な人の人数を a_n 人，かぜをひいている人の人数を b_n 人とします．すると，その翌週の人数は仮定より

$$\begin{cases} a_{n+1} = & 0.9a_n + 0.5b_n \\ b_{n+1} = & 0.1a_n + 0.5b_n \end{cases} \quad \therefore \begin{bmatrix} a_{n+1} \\ b_{n+1} \end{bmatrix} = \begin{bmatrix} 0.9 & 0.5 \\ 0.1 & 0.5 \end{bmatrix} \begin{bmatrix} a_n \\ b_n \end{bmatrix}$$

と漸化式で表せます．したがって，右辺の 2 次正方行列の固有値，固有ベクトルを求めて n 週間後の a_n, b_n がわかります．この行列の固有値は $1, 0.4$ で，固有ベクトルはそれぞれ $\begin{bmatrix} 5 \\ 1 \end{bmatrix}, \begin{bmatrix} 1 \\ -1 \end{bmatrix}$ です（計算は章末 110 ページ）．$a_0 = a, b_0 = 0$ とすれば

$$\begin{bmatrix} a_0 \\ b_0 \end{bmatrix} = \begin{bmatrix} a \\ 0 \end{bmatrix} = \frac{a}{6}\left(\begin{bmatrix} 5 \\ 1 \end{bmatrix} + \begin{bmatrix} 1 \\ -1 \end{bmatrix}\right) \text{より}$$

$$\begin{bmatrix} a_n \\ b_n \end{bmatrix} = A^n \begin{bmatrix} a_0 \\ b_0 \end{bmatrix} = \frac{a}{6}\left(\begin{bmatrix} 5 \\ 1 \end{bmatrix} + (0.4)^n \begin{bmatrix} 1 \\ 1 \end{bmatrix}\right)$$

と求まります．健康な人とかぜの人の人数の推移を単純化して考えていますが，それなりに有益な情報が得られるのではないでしょうか．漸化式によって現象を観察するのは結構，有用だと思いませんか．

できるかな？　演習問題　（解答は 171 ページ）

次の漸化式をみたす数列の一般項を求めよ．

(1) $a_{n+2} - a_{n+1} - 2a_n = 0$

(2) $a_{n+2} + 2a_{n+1} + a_n = 0$

第 9 章の補足

- 109 ページの固有値，固有ベクトルの計算

$A = \begin{bmatrix} 0.9 & 0.5 \\ 0.1 & 0.5 \end{bmatrix}$ の固有多項式は

$$\begin{aligned}&\det \begin{bmatrix} 0.9-\lambda & 0.5 \\ 0.1 & 0.5-\lambda \end{bmatrix} = (0.9-\lambda)(0.5-\lambda) - 0.05 \\ &= \lambda^2 - 1.4\lambda + 0.4 = (\lambda-1)(\lambda-0.4)\end{aligned}$$

です．したがって A の固有値は $1, 0.4$ です．それぞれの固有ベクトルは $A - \lambda E$ を計算して求められます：

$$\begin{bmatrix} 0.9-0.4 & 0.5 \\ 0.1 & 0.5-0.4 \end{bmatrix} = \begin{bmatrix} 0.5 & 0.5 \\ 0.1 & 0.1 \end{bmatrix},$$

$$\begin{bmatrix} 0.9-1 & 0.5 \\ 0.1 & 0.5-1 \end{bmatrix} = \begin{bmatrix} -0.1 & 0.5 \\ 0.1 & -0.5 \end{bmatrix}.$$

よって $1, 0.4$ の固有ベクトルはそれぞれ $\begin{bmatrix} 5 \\ 1 \end{bmatrix}, \begin{bmatrix} 1 \\ -1 \end{bmatrix}$ となります．

勉強のあいまに — 漸化式の応用

漸化式は相関関係のある量について，1 ステップごとの変化を調べるのに役に立ちます．例えば，上の例の場合でも，健康な人，かぜをひいた人以外に，治った人（2 度とかぜをひかない人）という状況設定も考えられます．他に工場において，労働力，材料，生産量のインプット，アウトプットの関係に着目し，生産過程について漸化式を考えることもできます．この関係に注目したのがレオンチェフの産業連関分析です．レオンチェフ（ワシリー・ワシーリエヴィチ・レオンチェフ，1905–1999）は 1973 年にノーベル経済学賞を受賞した経済学者です．

このように漸化式にはいろいろな設定や解釈が可能です．とても有用だと思いませんか．

第10章 調べよう！ 直交な関係

内積

これまで学んできたベクトルに内積を導入します．内積はベクトルの一種の積で，2つのベクトルから決まる数です．数をスカラーともいうので，内積のことをスカラー積ともいいます．

内積を利用すると，ベクトルの長さや直交性がわかります．高校の教科書では平面や空間のベクトルの内積を学びます．ここではベクトルの成分を複素数まで拡張して説明します．

10.1 複素共役

複素数の絶対値に関連した話題を紹介します．10.3節以降の準備です．まず，複素数 $z = a + bi$（a, b は実数，i は虚数単位）に対して，z の絶対値 $|z|$ とは

$$|z| = |a + bi| = \sqrt{a^2 + b^2}$$

のことです．$a + bi$ を座標平面の点 (a, b) に対応させてみると，絶対値 $|a + bi|$ はちょうど原点から (a, b) までの距離になります．

このように複素数 $a + bi$ を座標平面の点 (a, b) とみなすことは役に立ちます．そこで座標平面の点 (a, b) を複素数 $a + bi$ とみなした平面を複素平面，あるいは複素数平面といいます（図10.1）．

一方，複素数 $z = a + bi$ の複素共役（きょうやく） $\overline{z}$ は，

$$\overline{z} = \overline{a + bi} = a - bi$$

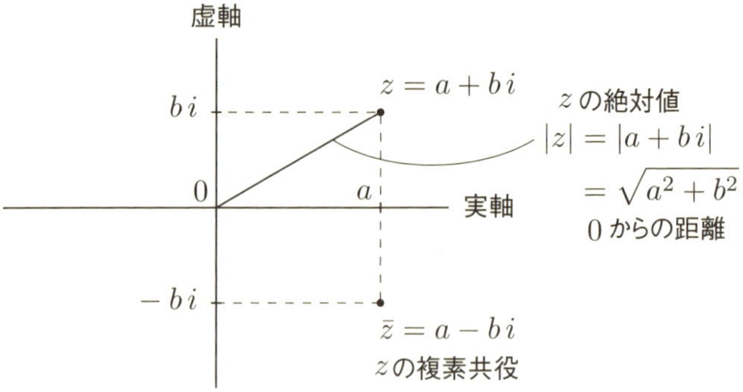

図 10.1　複素平面

のことです．

古くは「共役」を「共軛（きょうやく）」と書きました．しかし「軛」が常用漢字表にないため，同じ音の「役（やく）」が用いられるようになりました．数学では「共役」は「きょうえき」とは読みません．

数学では共軛は対をなす対象を表現しています．よく登場します．「軛（くびき）」の意味（「車の轅（ながえ）の端につけて，牛馬の後頸にかける横木」，『広辞苑』第六版，岩波書店）を反映しています（図 10.2）．

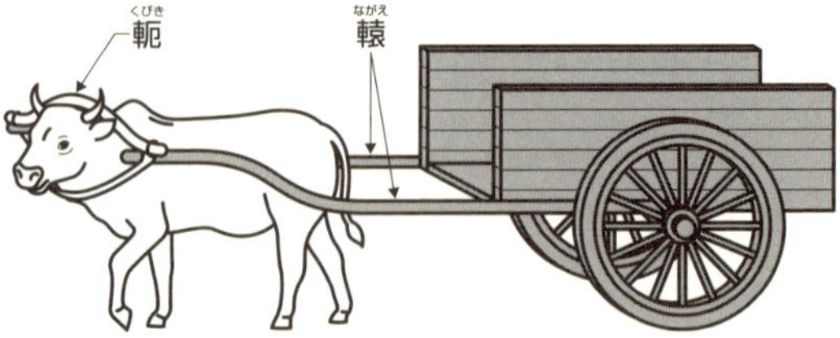

図 10.2　軛

話を数学に戻します．複素数の絶対値と複素共役については次の式が成り立ちます．以下で複素数を z, w で表します．

① $\overline{\overline{z}} = z$

② $\overline{z + w} = \overline{z} + \overline{w}$

③ $\overline{zw} = \overline{z}\,\overline{w}$

④ $z\overline{z} = |z|^2 = |\overline{z}|^2 = a^2 + b^2 \geq 0$
ただし $z = a + bi$ （a, b は実数，i は虚数単位）とする．さらに $|z| = 0$ となるのは $z = 0$ の場合しかない．

⑤ $z = a + bi \neq 0$ のとき，

$$z^{-1} = \frac{1}{z} = \frac{\overline{z}}{z\overline{z}} = \frac{\overline{z}}{|z|^2} = \frac{a}{a^2+b^2} - \frac{b}{a^2+b^2}i$$

⑥ $\big||z| - |w|\big| \leq |z + w| \leq |z| + |w|$ （三角不等式）

これらの性質はどれも直接計算してわかります．ここでは⑥だけ説明します．各辺の 2 乗を引いて証明します：

$$\begin{aligned}
&(|z| + |w|)^2 - |z+w|^2 \\
&= (|z|^2 + 2|z||w| + |w|^2) - (z+w)(\overline{z} + \overline{w}) \quad (\because ②, ④) \\
&= (|z|^2 + 2|z||w| + |w|^2) - (z\overline{z} + z\overline{w} + w\overline{z} + w\overline{w}) \\
&= 2|z||w| - (z\overline{w} + w\overline{z}) \\
&\overset{(*)}{=} 2|z\overline{w}| - (z\overline{w} + \overline{z\overline{w}}) \geq 0 \ ((*) \text{ は③, ④より従う}).
\end{aligned}$$

最後の不等式は一般に「$z = a + bi$ に対して $2|z| - (z + \overline{z}) \geq 0$」を使っています：

$$\begin{aligned}
2|z| - (z + \overline{z}) &= 2\sqrt{a^2 + b^2} - \{(a + bi) + (a - bi)\} \\
&= 2\sqrt{a^2 + b^2} - 2a \\
&\geq 2\sqrt{a^2} - 2a = 2|a| - 2a \geq 0.
\end{aligned}$$

ポイントは $\sqrt{a^2 + b^2} \geq \sqrt{a^2}$ ($b^2 \geq 0$ だから) です．$\big||z|-|w|\big| \leq |z+w|$ も同様です．

「三角不等式」という名は，複素平面で図示するとわかります．この不等式は，ちょうど三角形の 2 辺の和が残りの辺の長さよりも長いことを意味しています（図 10.3）．

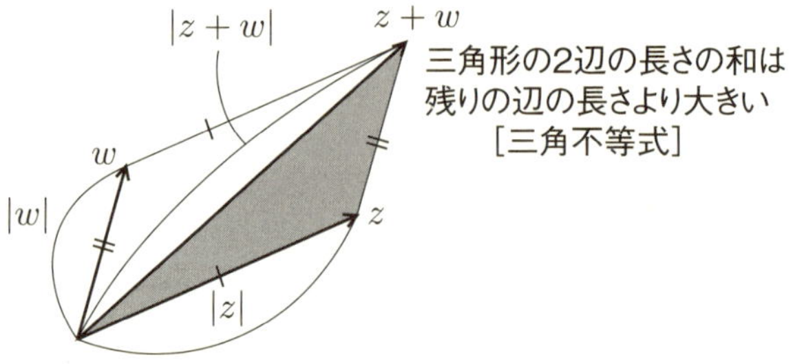

図 10.3 三角不等式

10.2 内積 — 高校の教科書から

ベクトルの内積について説明します．内積とは，ベクトルの一種の「積」です．この積は，ベクトルを調べるのに大変役に立ちます．内積からすぐにわかることは次の 2 つの性質です：

① ベクトルの長さ

② ベクトルの直交性

単純ですが重要です．この性質の応用を 162 ページで紹介します．

● 幾何ベクトルの内積 ●

幾何ベクトルの場合から始めましょう．2 つの幾何ベクトル $\boldsymbol{a}, \boldsymbol{b}$ の内積を，$\langle \boldsymbol{a}, \boldsymbol{b} \rangle$ と表し，

$$\langle \boldsymbol{a}, \boldsymbol{b} \rangle = |\boldsymbol{a}||\boldsymbol{b}| \cos\theta,\ \ \theta \text{ は } \boldsymbol{a}, \boldsymbol{b} \text{ のなす角}$$

と定義します[1]（図 10.4）．ただし $\boldsymbol{a}, \boldsymbol{b}$ のなす角は 0 から 180 度の間で考えます．$|\boldsymbol{a}|, |\boldsymbol{b}|$ はそれぞれ $\boldsymbol{a}, \boldsymbol{b}$ の長さを表します．

内積の意味を説明します．まず，同じベクトル $\boldsymbol{a}$ の内積は定義より

$$\langle \boldsymbol{a}, \boldsymbol{a} \rangle = |\boldsymbol{a}||\boldsymbol{a}| \cos 0 = |\boldsymbol{a}|^2 \ (\geq 0)$$

---

[1] $\cos\theta$（コサイン・テータ）は余弦関数を表します．初めての方は章末，131 ページを参照してください．

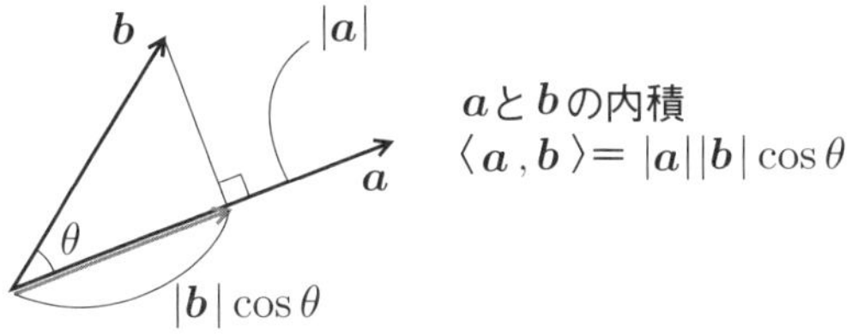

図 10.4 内積

となります．つまり，同じベクトルの内積はそのベクトルの長さの 2 乗に等しくなります．よってベクトルの長さは

$$|\boldsymbol{a}| = \sqrt{\langle \boldsymbol{a}, \boldsymbol{a} \rangle}$$

となります．

次に内積が 0 になる場合を考えます．$\cos\theta = 0$ となるのは，θ が 0 度から 180 度の範囲では 90 度の場合だけです．したがって $\boldsymbol{o}$ でない 2 つのベクトルの内積が 0 になる場合は，2 つのベクトルのなす角が 90 度，すなわち 2 つのベクトルが垂直な場合しかありません：

$$\langle \boldsymbol{a}, \boldsymbol{b} \rangle = 0 \Longleftrightarrow \boldsymbol{a}, \boldsymbol{b} \text{ は垂直である．}$$

内積の第三の意味を説明します．$\boldsymbol{a}$ の長さを 1 とします．このときベクトル $\boldsymbol{a}, \boldsymbol{b}$ の内積は

$$\langle \boldsymbol{a}, \boldsymbol{b} \rangle = |\boldsymbol{a}||\boldsymbol{b}|\cos\theta = |\boldsymbol{b}|\cos\theta$$

となります．この数は $\boldsymbol{b}$ を，$\boldsymbol{a}$ を延ばした直線上に正射影した長さです．つまり $\boldsymbol{b}$ の終点から，$\boldsymbol{a}$ を含む直線へ下した垂線の足と原点との距離（$\boldsymbol{a}$ の向きに関して正負をつける）に等しくなります（図 10.5）．

したがって，$\langle \boldsymbol{a}, \boldsymbol{b} \rangle \boldsymbol{a}$ は図 10.5 のように垂線の足が決めるベクトルになります．この正射影が内積の第三の意味になります．ちなみに $|\boldsymbol{a}| \neq 1$ の場合 $\boldsymbol{a}' = (1/|\boldsymbol{a}|)\boldsymbol{a}$ について考えれば，$|\boldsymbol{a}'| = 1$ となり，$\boldsymbol{b}$ を $\boldsymbol{a}$ 上に正射影したベクトルは

$$\langle \boldsymbol{a}', \boldsymbol{b} \rangle \boldsymbol{a}' = \left\langle \frac{1}{|\boldsymbol{a}|}\boldsymbol{a}, \boldsymbol{b} \right\rangle \cdot \frac{1}{|\boldsymbol{a}|}\boldsymbol{a} = \frac{\langle \boldsymbol{a}, \boldsymbol{b} \rangle}{|\boldsymbol{a}|^2}\boldsymbol{a} = \frac{\langle \boldsymbol{a}, \boldsymbol{b} \rangle}{\langle \boldsymbol{a}, \boldsymbol{a} \rangle}\boldsymbol{a}$$

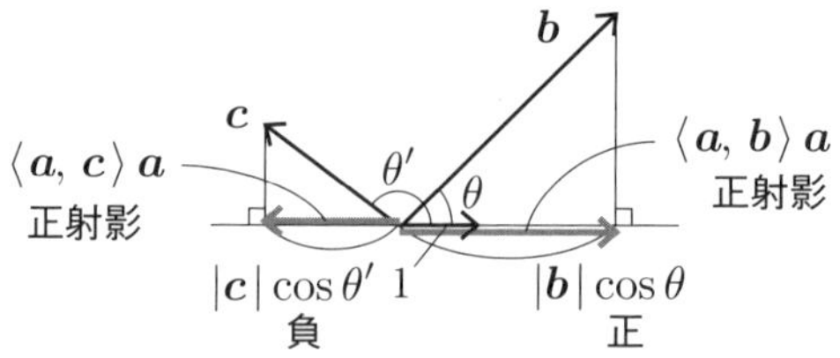

図 10.5　内積と正射影

となります．上の計算では $\langle \alpha \boldsymbol{a}, \boldsymbol{b} \rangle = \alpha \langle \boldsymbol{a}, \boldsymbol{b} \rangle$ を利用しています (後述)．

正射影を応用すると，ベクトルを分解できます．図 10.6 をみてください．長さが 1 である 2 つの直交するベクトル $\boldsymbol{a}, \boldsymbol{b}$ があったとします．

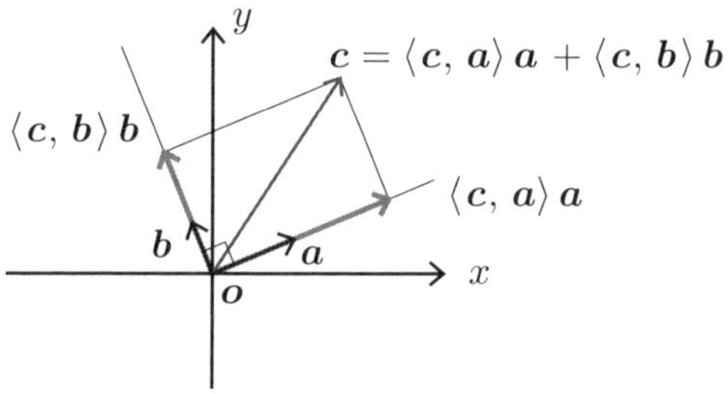

図 10.6　正射影で分解

このとき任意のベクトル $\boldsymbol{c}$ は内積を利用して，図 10.6 のように

$$\boldsymbol{c} = \langle \boldsymbol{c}, \boldsymbol{a} \rangle \boldsymbol{a} + \langle \boldsymbol{c}, \boldsymbol{b} \rangle \boldsymbol{b}$$

と 1 次結合に分解できます．ここでは次節の都合で $\langle \boldsymbol{a}, \boldsymbol{c} \rangle = \langle \boldsymbol{c}, \boldsymbol{a} \rangle$ を使って書き換えています．

以上が内積を利用した考察です．どれも重要です．

まとめ 20 〜〜〜〜〜〜〜〜〜〜〜〜〜〜〜〜〜〜〜〜〜〜〜〜〜〜〜〜

内積からわかること

① ベクトルの長さ：$|\boldsymbol{a}| = \sqrt{\langle \boldsymbol{a}, \boldsymbol{a} \rangle}$

② 2 つのベクトルの直交性：

$$\boldsymbol{a}, \boldsymbol{b} \text{ が直交する} \iff \langle \boldsymbol{a}, \boldsymbol{b} \rangle = 0$$

③ 正射影：

$$\frac{\langle \boldsymbol{b}, \boldsymbol{a} \rangle}{\langle \boldsymbol{a}, \boldsymbol{a} \rangle}\boldsymbol{a} = (\,\boldsymbol{a}\text{ 上に }\boldsymbol{b}\text{ を正射影したベクトル})$$

〜〜〜〜〜〜〜〜〜〜〜〜〜〜〜〜〜〜〜〜〜〜〜〜〜〜〜〜〜〜〜〜〜〜〜〜〜〜

● 数ベクトルの内積 ●

座標空間や座標平面では幾何ベクトルは数ベクトルで表せます（第5章参照）．そこで数ベクトルに対する内積の公式を導きましょう．

内積の次の性質が重要です：

① $\langle \boldsymbol{a}, \boldsymbol{b} \rangle = \langle \boldsymbol{b}, \boldsymbol{a} \rangle$

② $\langle \boldsymbol{a} + \boldsymbol{a}', \boldsymbol{b} \rangle = \langle \boldsymbol{a}, \boldsymbol{b} \rangle + \langle \boldsymbol{a}', \boldsymbol{b} \rangle$

③ $\langle \alpha\boldsymbol{a}, \boldsymbol{b} \rangle = \alpha\langle \boldsymbol{a}, \boldsymbol{b} \rangle$

④ $\boldsymbol{e}_1 = \begin{bmatrix} 1 \\ 0 \end{bmatrix}, \boldsymbol{e}_2 = \begin{bmatrix} 0 \\ 1 \end{bmatrix}$ とおくと，

$$\langle \boldsymbol{e}_1, \boldsymbol{e}_1 \rangle = 1,\ \langle \boldsymbol{e}_2, \boldsymbol{e}_2 \rangle = 1,\ \langle \boldsymbol{e}_1, \boldsymbol{e}_2 \rangle = \langle \boldsymbol{e}_1, \boldsymbol{e}_1 \rangle = 0.$$

②,③をまとめて，1次結合の形で次のように表せます：

$$\langle \alpha\boldsymbol{a} + \alpha'\boldsymbol{a}', \boldsymbol{b} \rangle = \alpha\langle \boldsymbol{a}, \boldsymbol{b} \rangle + \alpha'\langle \boldsymbol{a}', \boldsymbol{b} \rangle.$$

以上の性質は具体的に図を描いて確認できます（参考［ゼミ］図2.5）．

これらの性質から次の公式が求まります：

$$\begin{aligned}
\left\langle \begin{bmatrix} a_1 \\ a_2 \end{bmatrix}, \begin{bmatrix} b_1 \\ b_2 \end{bmatrix} \right\rangle &= \langle a_1\boldsymbol{e}_1 + a_2\boldsymbol{e}_2, b_1\boldsymbol{e}_1 + b_2\boldsymbol{e}_2 \rangle \\
&= \langle a_1\boldsymbol{e}_1, b_1\boldsymbol{e}_1 + b_2\boldsymbol{e}_2 \rangle + \langle a_2\boldsymbol{e}_2, b_1\boldsymbol{e}_1 + b_2\boldsymbol{e}_2 \rangle \ (\because ②) \\
&= a_1\langle \boldsymbol{e}_1, b_1\boldsymbol{e}_1 + b_2\boldsymbol{e}_2 \rangle + a_2\langle \boldsymbol{e}_2, b_1\boldsymbol{e}_1 + b_2\boldsymbol{e}_2 \rangle \ (\because ③) \\
&= a_1b_1\langle \boldsymbol{e}_1, \boldsymbol{e}_1 \rangle + a_1b_2\langle \boldsymbol{e}_1, \boldsymbol{e}_2 \rangle \\
&\qquad + a_2b_1\langle \boldsymbol{e}_2, \boldsymbol{e}_1 \rangle + a_2b_2\langle \boldsymbol{e}_2, \boldsymbol{e}_2 \rangle \\
&= a_1b_1\langle \boldsymbol{e}_1, \boldsymbol{e}_1 \rangle + a_2b_2\langle \boldsymbol{e}_2, \boldsymbol{e}_2 \rangle \\
&\qquad (\langle \boldsymbol{e}_1, \boldsymbol{e}_2 \rangle = 0 \text{ を使う}) \\
&= a_1b_1 + a_2b_2.
\end{aligned}$$

以上より，内積の公式が得られました．

内積の公式 $\left\langle \begin{bmatrix} a_1 \\ a_2 \end{bmatrix}, \begin{bmatrix} b_1 \\ b_2 \end{bmatrix} \right\rangle = a_1b_1 + a_2b_2$

上で説明した幾何ベクトルに関する考察が，内積の公式を用いて数ベクトルの計算(数の計算)で実行できます．例えば，$\boldsymbol{a} = \begin{bmatrix} 2 \\ 1 \end{bmatrix}, \boldsymbol{b} = \begin{bmatrix} -1 \\ 2 \end{bmatrix}$ は直交しています．実際

$$\langle \boldsymbol{a}, \boldsymbol{b} \rangle = 2 \cdot (-1) + 1 \cdot 2 = -2 + 2 = 0$$

となります．さらにベクトル $\boldsymbol{c} = \begin{bmatrix} c \\ d \end{bmatrix}$ を $\boldsymbol{a}, \boldsymbol{b}$ の方向に分解した表示も

$$\boldsymbol{c} = \frac{\langle \boldsymbol{c}, \boldsymbol{a} \rangle}{\langle \boldsymbol{a}, \boldsymbol{a} \rangle}\boldsymbol{a} + \frac{\langle \boldsymbol{c}, \boldsymbol{b} \rangle}{\langle \boldsymbol{b}, \boldsymbol{b} \rangle}\boldsymbol{b} = \frac{2c+d}{5}\begin{bmatrix} 2 \\ 1 \end{bmatrix} + \frac{-c+2d}{5}\begin{bmatrix} -1 \\ 2 \end{bmatrix}$$

と求まります．こうして図を利用せずに数の計算だけでわかります．

● シュミットの直交化 ●

1 次独立なベクトルから，互いに直交するベクトルを構成する方法を説明します．この方法は，次節で述べる一般の内積に関して，互いに直交する基底（直交基底という）の存在証明に利用されます．

簡単に説明するために，3 つの 1 次独立なベクトル $\boldsymbol{a}, \boldsymbol{b}, \boldsymbol{c}$ で始めます．方針は，$\boldsymbol{b}$ が $\boldsymbol{a}$ に直交するように向きを調整して $\boldsymbol{b}'$ をつくり，次に $\boldsymbol{c}$ が $\boldsymbol{a}, \boldsymbol{b}'$ と直交するように向きを調整して $\boldsymbol{c}'$ をつくります：

「$\boldsymbol{a}, \boldsymbol{b}, \boldsymbol{c}$ から始めて …

$$\boldsymbol{a} \underset{\boldsymbol{b}\text{ を調整}}{\Longrightarrow} \underset{\text{互いに直交}}{\boldsymbol{a}, \boldsymbol{b}'} \underset{\boldsymbol{c}\text{ を調整}}{\Longrightarrow} \underset{\text{互いに直交}}{\boldsymbol{a}, \boldsymbol{b}', \boldsymbol{c}'}$$」

① $\boldsymbol{b}$ から $\boldsymbol{b}'$ へ．

まず

$$\boldsymbol{b}' = \boldsymbol{b} - \frac{\langle \boldsymbol{b}, \boldsymbol{a} \rangle}{\langle \boldsymbol{a}, \boldsymbol{a} \rangle}\boldsymbol{a}$$

とおきます．つまり $\boldsymbol{b}$ と，$\boldsymbol{b}$ の $\boldsymbol{a}$ 上への正射影との差を作ります．このとき $\boldsymbol{b}'$ は $\boldsymbol{a}$ と直交します（図 10.7）．

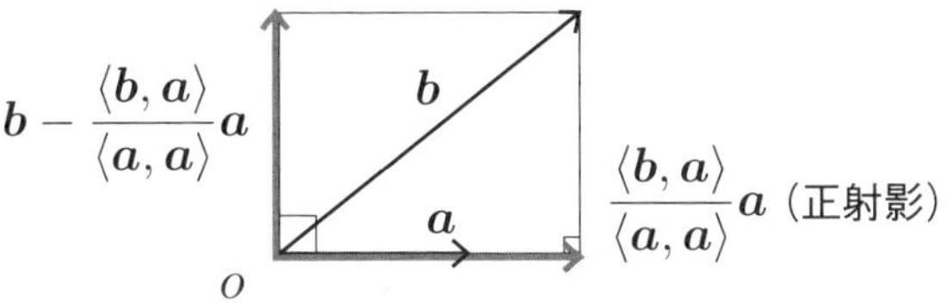

図 10.7 シュミットの直交化

図では明らかですが，計算して「内積 $=0$」を確かめます：

$$\langle \boldsymbol{b}',\boldsymbol{a}\rangle=\langle \boldsymbol{b}-\frac{\langle \boldsymbol{b},\boldsymbol{a}\rangle}{\langle \boldsymbol{a},\boldsymbol{a}\rangle}\boldsymbol{a},\boldsymbol{a}\rangle \stackrel{(*)}{=} \langle \boldsymbol{b},\boldsymbol{a}\rangle-\frac{\langle \boldsymbol{b},\boldsymbol{a}\rangle}{\langle \boldsymbol{a},\boldsymbol{a}\rangle}\langle \boldsymbol{a},\boldsymbol{a}\rangle=0.$$

上の $\stackrel{(*)}{=}$ では内積の線形性 (性質②, ③, 117 ページ) を利用しています．

② $\boldsymbol{c}$ から $\boldsymbol{c}'$ へ.

同様に $\boldsymbol{c}$ と，$\boldsymbol{a}$, $\boldsymbol{b}'$ 上への $\boldsymbol{c}$ の正射影との差 $\boldsymbol{c}'$ を作ります：

$$\boldsymbol{c}'=\boldsymbol{c}-\frac{\langle \boldsymbol{c},\boldsymbol{a}\rangle}{\langle \boldsymbol{a},\boldsymbol{a}\rangle}\boldsymbol{a}-\frac{\langle \boldsymbol{c},\boldsymbol{b}'\rangle}{\langle \boldsymbol{b}',\boldsymbol{b}'\rangle}\boldsymbol{b}'.$$

すると $\boldsymbol{c}'$ は $\boldsymbol{a},\boldsymbol{b}'$ と直交します．実際に計算すると，

$$\begin{aligned}
\langle \boldsymbol{c}',\boldsymbol{a}\rangle &= \langle \boldsymbol{c}-\frac{\langle \boldsymbol{c},\boldsymbol{a}\rangle}{\langle \boldsymbol{a},\boldsymbol{a}\rangle}\boldsymbol{a}-\frac{\langle \boldsymbol{c},\boldsymbol{b}'\rangle}{\langle \boldsymbol{b}',\boldsymbol{b}'\rangle}\boldsymbol{b}',\boldsymbol{a}\rangle\\
&= \langle \boldsymbol{c},\boldsymbol{a}\rangle-\frac{\langle \boldsymbol{c},\boldsymbol{a}\rangle}{\langle \boldsymbol{a},\boldsymbol{a}\rangle}\langle \boldsymbol{a},\boldsymbol{a}\rangle-\frac{\langle \boldsymbol{c},\boldsymbol{b}'\rangle}{\langle \boldsymbol{b}',\boldsymbol{b}'\rangle}\langle \boldsymbol{b}',\boldsymbol{a}\rangle\\
&= 0 \qquad (\langle \boldsymbol{b}',\boldsymbol{a}\rangle=0 \text{ に注意}).\\
\langle \boldsymbol{c}',\boldsymbol{a}\rangle &= \langle \boldsymbol{c}-\frac{\langle \boldsymbol{c},\boldsymbol{a}\rangle}{\langle \boldsymbol{a},\boldsymbol{a}\rangle}\boldsymbol{a}-\frac{\langle \boldsymbol{c},\boldsymbol{b}'\rangle}{\langle \boldsymbol{b}',\boldsymbol{b}'\rangle}\boldsymbol{b}',\boldsymbol{b}'\rangle\\
&= \langle \boldsymbol{c},\boldsymbol{b}'\rangle-\frac{\langle \boldsymbol{c},\boldsymbol{a}\rangle}{\langle \boldsymbol{a},\boldsymbol{a}\rangle}\langle \boldsymbol{a},\boldsymbol{b}'\rangle-\frac{\langle \boldsymbol{c},\boldsymbol{b}'\rangle}{\langle \boldsymbol{b}',\boldsymbol{b}'\rangle}\langle \boldsymbol{b}',\boldsymbol{b}'\rangle\\
&= 0 \qquad (\langle \boldsymbol{a},\boldsymbol{b}'\rangle=0 \text{ に注意}).
\end{aligned}$$

以上のように，$\boldsymbol{a},\boldsymbol{b},\boldsymbol{c}$ から互いに直交する $\boldsymbol{a},\boldsymbol{b}',\boldsymbol{c}'$ が構成されました．この構成法をシュミットの直交化法といいます．この方法は，内積の

基本的な性質（②,③など）しか利用していません．ベクトルの本数が多くなっても以上の操作（正射影との差）を繰り返すだけです．

まとめ 21

① 内積の公式：

$$\left\langle \begin{bmatrix} a_1 \\ a_2 \end{bmatrix}, \begin{bmatrix} b_1 \\ b_2 \end{bmatrix} \right\rangle = a_1 b_1 + a_2 b_2.$$

② シュミットの直交化法： 正射影を引いて互いに直交するベクトルを構成する方法.

10.3 内積の一般化

これまでの議論を複素数まで拡張します．こうすると複素数を成分にもつ数ベクトルについても長さや直交性が利用できるようになります．この考え方は量子力学では重要です．また内積を部分空間のベクトルへとさらに拡張します．

● 標準内積（エルミート内積） ●

前節の内積の公式を拡張して，複素数を成分にもつ数ベクトルの内積を次のように定義します．簡単のため 3 次元数ベクトルで書きます．

定義

$$\left\langle \begin{bmatrix} a_1 \\ a_2 \\ a_3 \end{bmatrix}, \begin{bmatrix} b_1 \\ b_2 \\ b_3 \end{bmatrix} \right\rangle = a_1 \overline{b}_1 + a_2 \overline{b}_2 + a_3 \overline{b}_3. \quad \text{(標準内積)}$$

ここで $\overline{b}_1, \overline{b}_2, \overline{b}_3$ は b_1, b_2, b_3 の複素共役です．この内積を標準内積，あるいはエルミート内積といいます．標準内積の値は一般に複素数です[2]．

標準内積の性質をまとめます．前節の内積と同様の性質です．

① $\langle \boldsymbol{a}, \boldsymbol{b} \rangle = \overline{\langle \boldsymbol{b}, \boldsymbol{a} \rangle}$ （$\overline{}$ は複素共役を表す．）

② $\langle \boldsymbol{a} + \boldsymbol{a}', \boldsymbol{b} \rangle = \langle \boldsymbol{a}, \boldsymbol{b} \rangle + \langle \boldsymbol{a}', \boldsymbol{b} \rangle$

③ $\langle \alpha \boldsymbol{a}, \boldsymbol{b} \rangle = \alpha \langle \boldsymbol{a}, \boldsymbol{b} \rangle$, $\langle \boldsymbol{a}, \beta\, \boldsymbol{b} \rangle = \overline{\beta}\, \langle \boldsymbol{a}, \boldsymbol{b} \rangle$

[2] 複素共役をとる理由は以下で説明する内積の性質④にあります．1 次元のベクトルでは $\langle z, z \rangle = z\overline{z} = |z|^2 \geq 0$ となるようにしています．

④ $\langle \boldsymbol{a}, \boldsymbol{a} \rangle = |\boldsymbol{a}|^2$ は非負実数である．$\langle \boldsymbol{a}, \boldsymbol{a} \rangle = 0$ となるのは $\boldsymbol{a} = \boldsymbol{o}$ しかない．

④を利用して，$\boldsymbol{a} = \begin{bmatrix} a_1 \\ a_2 \\ a_3 \end{bmatrix}$ の長さを $|\boldsymbol{a}|$ と表し，

$$|\boldsymbol{a}| = \sqrt{a_1\overline{a}_1 + a_2\overline{a}_2 + a_3\overline{a}_3} = \sqrt{|a_1|^2 + |a_2|^2 + |a_3|^2}$$

と定義します．①から④の性質はどれも直接計算して確かめられます．

● 内積の定義 — 大学の教科書では — ●

標準内積に関する上の 4 つの性質は内積の最も基本的な性質です．そこで一般にこれらの性質をみたすベクトルの積を内積といいます[3]．

定義 部分空間の任意のベクトル $\boldsymbol{a}, \boldsymbol{b}$ に対して複素数 $\langle \boldsymbol{a}, \boldsymbol{b} \rangle$ が定まり，次の①から④の性質をみたすとき，$\langle \boldsymbol{a}, \boldsymbol{b} \rangle$ を $\boldsymbol{a}, \boldsymbol{b}$ の内積という．

① $\langle \boldsymbol{a}, \boldsymbol{b} \rangle = \overline{\langle \boldsymbol{b}, \boldsymbol{a} \rangle}$ （$\overline{}$ は複素共役を表す．）

② $\langle \boldsymbol{a} + \boldsymbol{a}', \boldsymbol{b} \rangle = \langle \boldsymbol{a}, \boldsymbol{b} \rangle + \langle \boldsymbol{a}', \boldsymbol{b} \rangle$

③ $\langle \alpha\boldsymbol{a}, \boldsymbol{b} \rangle = \alpha\langle \boldsymbol{a}, \boldsymbol{b} \rangle$

④ $\langle \boldsymbol{a}, \boldsymbol{a} \rangle$ は非負実数である．$\langle \boldsymbol{a}, \boldsymbol{a} \rangle = 0$ となるのは $\boldsymbol{a} = \boldsymbol{o}$ しかない．

一般の内積では性質④を用いて，$\boldsymbol{a}$ の長さを

$$|\boldsymbol{a}| = \sqrt{\langle \boldsymbol{a}, \boldsymbol{a} \rangle}$$

と定義します．また $\langle \boldsymbol{a}, \beta\,\boldsymbol{b} \rangle = \overline{\beta}\,\langle \boldsymbol{a}, \boldsymbol{b} \rangle$ は他の条件から導くことができるので，定義から省いています．実際，次のようにしてわかります：

$$\langle \boldsymbol{a}, \beta\,\boldsymbol{b} \rangle \overset{①}{=} \overline{\langle \beta\boldsymbol{b}, \boldsymbol{a} \rangle} \overset{③}{=} \overline{\beta\,\langle \boldsymbol{b}, \boldsymbol{a} \rangle} \overset{(*)}{=} \overline{\beta}\,\overline{\langle \boldsymbol{b}, \boldsymbol{a} \rangle} \overset{①}{=} \overline{\beta}\,\langle \boldsymbol{a}, \boldsymbol{b} \rangle.$$

$(*)$ の等号は複素共役の性質（112 ページ，③）から従います．

標準内積はここで定義した内積の例です．ほかの例を紹介しましょう．

---

[3] 以下の定義は，内積を一般化しています！ 頭を切り換えて，10.2 節の定義と混同しないでください．

● 内積の例 ●

複素 3 次元数ベクトル空間の標準内積を，$x+y+z=0$ で定まる部分空間 V に制限したものは，ちょうど上で定義した内積の例です．部分空間の上で内積を考えるには，このように一般化しておくと大変便利です．一般化の有用性を納得していただけますか．

V 上の内積を V の基底 $\boldsymbol{a}=\begin{bmatrix}1\\0\\-1\end{bmatrix}, \boldsymbol{b}=\begin{bmatrix}0\\1\\-1\end{bmatrix}$ に関する成分表示を用いて計算してみます．そのために

$$\langle \boldsymbol{a},\boldsymbol{a}\rangle=2, \langle \boldsymbol{a},\boldsymbol{b}\rangle=1, \langle \boldsymbol{b},\boldsymbol{a}\rangle=1, \langle \boldsymbol{b},\boldsymbol{b}\rangle=2$$

を利用します．$\boldsymbol{x}=x_1\boldsymbol{a}+x_2\boldsymbol{b}$ と $\boldsymbol{y}=y_1\boldsymbol{a}+y_2\boldsymbol{b}$ の内積を計算します：

$$\begin{aligned}\langle \boldsymbol{x},\boldsymbol{y}\rangle &= \langle x_1\boldsymbol{a}+x_2\boldsymbol{b}, y_1\boldsymbol{a}+y_2\boldsymbol{b}\rangle\\ &= x_1\langle \boldsymbol{a}, y_1\boldsymbol{a}+y_2\boldsymbol{b}\rangle + x_2\langle \boldsymbol{b}, y_1\boldsymbol{a}+y_2\boldsymbol{b}\rangle\\ &= x_1\overline{y_1}\langle \boldsymbol{a},\boldsymbol{a}\rangle + x_1\overline{y_2}\langle \boldsymbol{a},\boldsymbol{b}\rangle + x_2\overline{y_1}\langle \boldsymbol{b},\boldsymbol{a}\rangle + x_2\overline{y_2}\langle \boldsymbol{b},\boldsymbol{b}\rangle\\ &= 2x_1\overline{y_1}+x_1\overline{y_2}+x_2\overline{y_1}+2x_2\overline{y_2}.\end{aligned}$$

したがって基底 $\boldsymbol{a},\boldsymbol{b}$ で定まる座標でみると，V 上の内積は

$$\left\langle \begin{bmatrix}x_1\\x_2\end{bmatrix}, \begin{bmatrix}y_1\\y_2\end{bmatrix}\right\rangle = 2x_1\overline{y_1}+x_1\overline{y_2}+x_2\overline{y_1}+2x_2\overline{y_2} \qquad (*)$$

と表されます．これは 2 次元数ベクトル空間上の内積です．このように標準内積以外の内積も自然に登場します．

● シュミットの直交化法の例 ●

上の $(*)$ で定義された内積に関して直交する基底を 1 組求めてみましょう．$\boldsymbol{e}_1=\begin{bmatrix}1\\0\end{bmatrix}, \boldsymbol{e}_2=\begin{bmatrix}0\\1\end{bmatrix}$ からシュミットの直交化法（118 ページ）を用います．まず $\boldsymbol{e}_1$ に直交するベクトル $\boldsymbol{e}_2'$ を

$$\boldsymbol{e}_2'=\boldsymbol{e}_2-\frac{\langle \boldsymbol{e}_2,\boldsymbol{e}_1\rangle}{\langle \boldsymbol{e}_1,\boldsymbol{e}_1\rangle}\boldsymbol{e}_1=\boldsymbol{e}_2-\frac{1}{2}\boldsymbol{e}_1=\begin{bmatrix}-1/2\\1\end{bmatrix}$$

とします．ここで考えている内積は $(*)$ で定義されているので，

$$\langle \boldsymbol{e}_2,\boldsymbol{e}_1\rangle = 2\cdot 0\cdot 1+0\cdot 0+1\cdot 1+2\cdot 1\cdot 0=1$$

$$\langle \boldsymbol{e}_1, \boldsymbol{e}_1 \rangle = 2\cdot 1\cdot 1 + 1\cdot 0 + 0\cdot 1 + 2\cdot 0\cdot 0 = 2$$
$$\langle \boldsymbol{e}_2, \boldsymbol{e}_2 \rangle = 2\cdot 0\cdot 0 + 0\cdot 1 + 1\cdot 0 + 2\cdot 1\cdot 1 = 2$$

となります．標準内積と混同しないでください．$\boldsymbol{e}_1, \boldsymbol{e}'_2$ の長さは

$$\begin{aligned} |\boldsymbol{e}_1| &= \sqrt{\langle \boldsymbol{e}_1, \boldsymbol{e}_1 \rangle} = \sqrt{2} \\ |\boldsymbol{e}'_2| &= \sqrt{\langle \boldsymbol{e}'_2, \boldsymbol{e}'_2 \rangle} \\ &= \sqrt{2\cdot(-1/2)^2 + (-1/2)\cdot 1 + 1\cdot(-1/2) + 2\cdot 1^2} \\ &= \sqrt{3/2} \end{aligned}$$

です．したがって，この内積に関して長さが 1 で直交する基底は，

$$\boldsymbol{f}_1 = \frac{1}{\sqrt{2}}\begin{bmatrix} 1 \\ 0 \end{bmatrix}, \boldsymbol{f}_2 = \sqrt{\frac{2}{3}}\begin{bmatrix} -1/2 \\ 1 \end{bmatrix} = \frac{\sqrt{6}}{6}\begin{bmatrix} -1 \\ 2 \end{bmatrix}$$

となります．この内積に関する長さや直交性は標準内積に関するものとは違います（図 10.8 参照）．

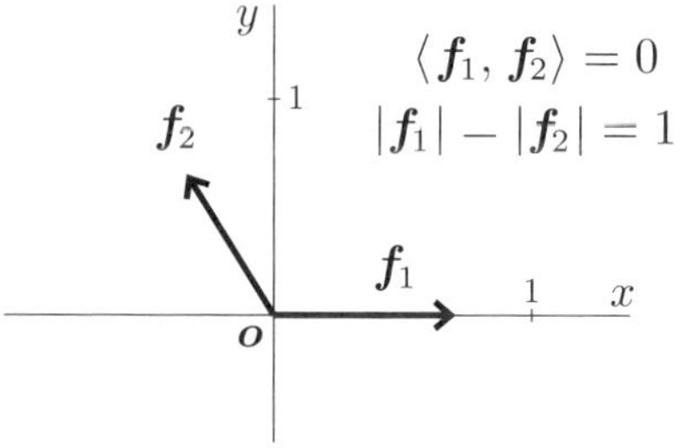

図 10.8　内積と直交基底

さて，上の $\boldsymbol{f}_1, \boldsymbol{f}_2$ のように，長さが 1 で直交する性質をもつ基底を正規直交基底といいます．正規直交基底の特徴は次の性質です：

「内積の計算が標準基底と同様にできる」

すなわち，$\langle \boldsymbol{f}_1, \boldsymbol{f}_1 \rangle = 1, \langle \boldsymbol{f}_1, \boldsymbol{f}_2 \rangle = \langle \boldsymbol{f}_1, \boldsymbol{f}_1 \rangle = 0, \langle \boldsymbol{f}_2, \boldsymbol{f}_2 \rangle = 1$ より

$$\langle x_1\boldsymbol{f}_1 + x_2\boldsymbol{f}_2, y_1\boldsymbol{f}_1 + y_2\boldsymbol{f}_2 \rangle$$

$$= x_1\langle \boldsymbol{f}_1, y_1\boldsymbol{f}_1 + y_2\boldsymbol{f}_2\rangle + x_2\langle \boldsymbol{f}_2, y_1\boldsymbol{f}_1 + y_2\boldsymbol{f}_2\rangle$$

$$= x_1\overline{y_1}\langle \boldsymbol{f}_1, \boldsymbol{f}_1\rangle + x_1\overline{y_2}\langle \boldsymbol{f}_1, \boldsymbol{f}_2\rangle + x_2\overline{y_1}\langle \boldsymbol{f}_2, \boldsymbol{f}_1\rangle + x_2\overline{y_2}\langle \boldsymbol{f}_2, \boldsymbol{f}_2\rangle$$

$$= x_1\overline{y_1} + x_2\overline{y_2} \quad \left(\begin{bmatrix} x_1 \\ x_2 \end{bmatrix} \text{と} \begin{bmatrix} y_1 \\ y_2 \end{bmatrix} \text{の標準内積に等しい！}\right)$$

となります．したがって標準内積がもっとも基本的です．

ところで，以上のような一般化された内積は強力な道具になります．163 ページで多項式に内積を応用して定理を証明します．お楽しみに！

10.4 エルミート変換，ユニタリ変換

内積のある部分空間において，重要な線形変換を紹介しましょう．ベクトルの長さや内積の値に注目します．

部分空間 V の線形変換を f と表します．

① V の任意のベクトルの長さを変えない線形変換 f をユニタリ変換といいます．すなわち任意の $\boldsymbol{a}$ に対して

$$|f(\boldsymbol{a})| = \sqrt{\langle f(\boldsymbol{a}), f(\boldsymbol{a})\rangle} = |\boldsymbol{a}|(= \sqrt{\langle \boldsymbol{a}, \boldsymbol{a}\rangle}).$$

② V の任意のベクトル $\boldsymbol{a}$ に対して，

$$\langle f(\boldsymbol{a}), \boldsymbol{a}\rangle \text{ が実数である}$$

ような線形変換 f をエルミート変換といいます[4]．

「ユニタリ (unitary)」は unit の形容詞から来ています．「エルミート (Hermit)」はフランスの数学者エルミート（シャルル・エルミート，1822–1901）の名にちなんだ名称です．

①の条件は「長さを変えない」ことです．わかりやすい条件です．②の条件は量子力学では重要な条件です．というのも，量子力学において物理量（実数）は②の内積の形で代表されるからです．①も量子

[4]実数しか考えない場合は，$\langle f(\boldsymbol{a}), \boldsymbol{b}\rangle = \langle \boldsymbol{a}, f(\boldsymbol{b})\rangle$ をみたす変換（対称変換）を考えます．

力学では「確率 1 を変えない」という意味があり重要です．いずれにしてもユニタリ変換，エルミート変換は量子力学では重要です．もちろん数学においても重要です．

それではこれらの変換にどんな特徴があるか調べましょう．

● ユニタリ変換，ユニタリ行列 ●

$f(\boldsymbol{x}) = A\boldsymbol{x}$ がユニタリ変換になる条件（A の条件）を説明します．簡単のため 3 次元の場合を考えます．

$$A = [\boldsymbol{a}\ \ \boldsymbol{b}\ \ \boldsymbol{c}] = \begin{bmatrix} a_1 & b_1 & c_1 \\ a_2 & b_2 & c_2 \\ a_3 & b_3 & c_3 \end{bmatrix},\quad \boldsymbol{a} = \begin{bmatrix} a_1 \\ a_2 \\ a_3 \end{bmatrix}, \boldsymbol{b} = \begin{bmatrix} b_1 \\ b_2 \\ b_3 \end{bmatrix}, \boldsymbol{c} = \begin{bmatrix} c_1 \\ c_2 \\ c_3 \end{bmatrix}$$

とおきます．このとき次のことが成り立ちます：

$$f(\boldsymbol{x}) = A\boldsymbol{x}\ \text{がユニタリ変換である}$$
$$\Longleftrightarrow \boldsymbol{a}, \boldsymbol{b}, \boldsymbol{c}\ \text{は正規直交基底である．}$$

ここでは理解を深める程度に説明します．まずユニタリ変換は長さだけでなく，内積も変えません：「$\boldsymbol{x}, \boldsymbol{y}$ に対して $\langle f(\boldsymbol{x}), f(\boldsymbol{y})\rangle = \langle \boldsymbol{x}, \boldsymbol{y}\rangle$」（証明は章末 131 ページ）．したがってユニタリ変換は正規直交基底を正規直交基底に写します．$\begin{bmatrix} 1 \\ 0 \\ 0 \end{bmatrix}, \begin{bmatrix} 0 \\ 1 \\ 0 \end{bmatrix}, \begin{bmatrix} 0 \\ 0 \\ 1 \end{bmatrix}$ は正規直交基底なので，$f\begin{bmatrix} 1 \\ 0 \\ 0 \end{bmatrix} = \boldsymbol{a}, f\begin{bmatrix} 0 \\ 1 \\ 0 \end{bmatrix} = \boldsymbol{b}, f\begin{bmatrix} 0 \\ 0 \\ 1 \end{bmatrix} = \boldsymbol{c}$ は正規直交基底です．

一方，「$\boldsymbol{a}, \boldsymbol{b}, \boldsymbol{c}$ が正規直交基底である」ことは A の随伴行列 A^* を使って言い換えることができます．ここで A の随伴行列 A^* とは

$$A^* = {}^t\overline{A} = \begin{bmatrix} \overline{a}_1 & \overline{a}_2 & \overline{a}_3 \\ \overline{b}_1 & \overline{b}_2 & \overline{b}_3 \\ \overline{c}_1 & \overline{c}_2 & \overline{c}_3 \end{bmatrix}$$

（行と列を交換して[5]，各成分の複素共役をとった行列）のことです．言い換えは次のとおりです：

[5] このように A の行と列を交換した行列を転置行列といい，${}^tA$ と表します．内積ではよく登場します．

$$\boldsymbol{a},\boldsymbol{b},\boldsymbol{c}\text{ が正規直交基底である} \iff A^*A = E\ (\text{単位行列}).$$

実際，A^*A から $\boldsymbol{a},\boldsymbol{b},\boldsymbol{c}$ の内積がわかります：

$$\begin{bmatrix} \bar{a}_1 & \bar{a}_2 & \bar{a}_3 \\ \bar{b}_1 & \bar{b}_2 & \bar{b}_3 \\ \bar{c}_1 & \bar{c}_2 & \bar{c}_3 \end{bmatrix} \begin{bmatrix} a_1 & b_1 & c_1 \\ a_2 & b_2 & c_2 \\ a_3 & b_3 & c_3 \end{bmatrix} = \begin{bmatrix} \langle \boldsymbol{a},\boldsymbol{a}\rangle & \langle \boldsymbol{b},\boldsymbol{a}\rangle & \langle \boldsymbol{c},\boldsymbol{a}\rangle \\ \langle \boldsymbol{a},\boldsymbol{b}\rangle & \langle \boldsymbol{b},\boldsymbol{b}\rangle & \langle \boldsymbol{c},\boldsymbol{b}\rangle \\ \langle \boldsymbol{a},\boldsymbol{c}\rangle & \langle \boldsymbol{b},\boldsymbol{c}\rangle & \langle \boldsymbol{c},\boldsymbol{c}\rangle \end{bmatrix}.$$

したがって上のように言い換えることができます．

そこでこの言い換えを利用して，

$$A^*A = AA^* = E\ (\text{単位行列})$$

をみたす正方行列 A をユニタリ行列といいます．

以上の考察をまとめます．

まとめ 22

正方行列 A に関する次の性質はすべて同値である．

① $f(\boldsymbol{x}) = A\boldsymbol{x}$ はユニタリ変換である．つまり任意の $\boldsymbol{x}$ に対して $|A\boldsymbol{x}| = |\boldsymbol{x}|$ である．

② A の列ベクトル全体は（標準内積に関して）正規直交基底である．

③ A はユニタリ行列である．すなわち A^*A は単位行列に等しい．

● エルミート変換，エルミート行列 ●

今度はエルミート変換について説明します．ユニタリ変換の議論と同様に，$f(\boldsymbol{x}) = A\boldsymbol{x}$ とし，$\boldsymbol{a},\boldsymbol{b},\boldsymbol{c}$ を同様におきます．f がエルミート変換になる条件は次のとおりです：

$$f(\boldsymbol{x}) = A\boldsymbol{x}\text{ がエルミート変換である} \iff A^* = A.$$

証明の方針は，エルミート変換の次の性質を利用します：「$\boldsymbol{x},\boldsymbol{y}$ に対して $\langle f(\boldsymbol{x}),\boldsymbol{y}\rangle = \langle \boldsymbol{x}, f(\boldsymbol{y})\rangle$」（証明は章末 132 ページ）．そこで標準基底 $\boldsymbol{e}_1 = \begin{bmatrix}1\\0\\0\end{bmatrix}, \boldsymbol{e}_2 = \begin{bmatrix}0\\1\\0\end{bmatrix}, \boldsymbol{e}_3 = \begin{bmatrix}0\\0\\1\end{bmatrix}$ について内積を調べると，

$$\langle f(\boldsymbol{e}_1),\boldsymbol{e}_1\rangle = \langle \boldsymbol{e}_1, f(\boldsymbol{e}_1)\rangle, \langle f(\boldsymbol{e}_1),\boldsymbol{e}_2\rangle = \langle \boldsymbol{e}_1, f(\boldsymbol{e}_2)\rangle, \ldots$$

$$\therefore\ a_1 = \bar{a}_1,\ a_2 = \bar{b}_1, a_3 = \bar{c}_1, b_2 = \bar{b}_2, b_3 = \bar{c}_2, c_3 = \bar{c}_3$$

がわかります．この状況から $A^* = A$ をみたす行列 A をエルミート行列といいます．

まとめ 23

正方行列 A に関する次の性質はすべて同値である．

① $f(\boldsymbol{x}) = A\boldsymbol{x}$ はエルミート変換である．つまり任意の $\boldsymbol{x}$ に対して $\langle A\boldsymbol{x}, \boldsymbol{x}\rangle$ は実数である．

② A はエルミート行列である．すなわち $A^* = A$.

10.5　正規行列の対角化

最後に，正方行列に対して，「その固有ベクトルからなる正規直交基底がとれる」条件について説明します．この「…」という状況では，内積を変えずに，すなわち長さを変えずに，交わる角も変えずに，正規直交基底に関して座標をとることができます（図 10.9）．この定理を次章で応用します．

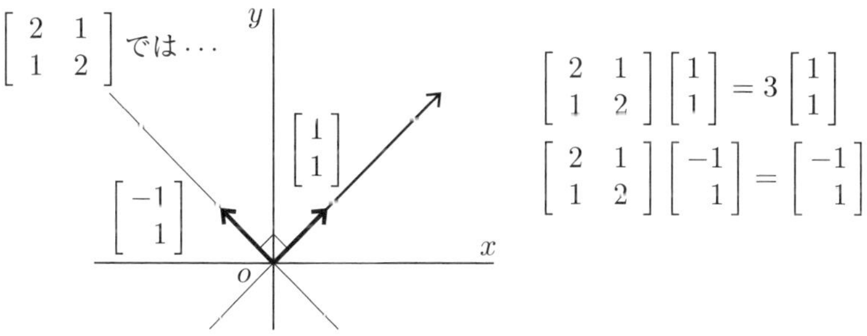

図 10.9　固有ベクトルからなる正規直交基底

さて「…」が実現できるための条件は簡単です．それは「正方行列が正規行列であること」です．正規行列とは次をみたす複素正方行列

A のことです（A^* は A の随伴行列です）：

「任意の $\boldsymbol{x}$ に対して $|A\boldsymbol{x}| = |A^*\boldsymbol{x}|$ をみたす．」

ユニタリ行列やエルミート行列は正規行列です．実際，ユニタリ行列 A では，$A^* = A^{-1}$ もユニタリ行列であり[6]，

$$|A\boldsymbol{x}| = |\boldsymbol{x}|,\ |A^*\boldsymbol{x}| = |\boldsymbol{x}| \quad \therefore |A\boldsymbol{x}| = |A^*\boldsymbol{x}|$$

です．エルミート行列 A では $A^* = A$ より明らかです．

● 正規行列の対角化 ●

さて，正規行列の対角化について次の定理が重要です．

定理（テープリッツ）正規行列 A に対して，A の固有ベクトルからなる正規直交基底がとれる．

この定理を証明しましょう[7]．話をわかりやすくするために，証明の一部は章末にまわします．

① 一般に $\langle \boldsymbol{x}, A\boldsymbol{y} \rangle = \langle A^*\boldsymbol{x}, \boldsymbol{y} \rangle$（証明は章末 133 ページ）．

② 正規行列 A に対して，$A - \lambda E$ も正規行列です（証明は章末 134 ページ）．ちなみに $A - \lambda E$ の随伴行列は $(A - \lambda E)^* = A^* - \overline{\lambda}E$ です．

③ 正規行列 A の固有ベクトル $\boldsymbol{x}$ は（固有値は λ とする），A^* の $\overline{\lambda}$ に対する固有ベクトルです．実際，② より $A - \lambda E$ は正規行列なので

$$|(A^* - \overline{\lambda}E)\boldsymbol{x}| = |(A - \lambda E)\boldsymbol{x}| = |\boldsymbol{o}| = 0 \quad \therefore (A^* - \overline{\lambda}E)\boldsymbol{x} = \boldsymbol{o}$$

だからです．

④ 正規行列 A の固有ベクトル $\boldsymbol{x}$ と直交する $\boldsymbol{y}$ に対して，$A\boldsymbol{y}$ も $\boldsymbol{x}$ と直交します．実際，次の計算からわかります：

$$\langle \boldsymbol{x}, A\boldsymbol{y} \rangle \overset{①}{=} \langle A^*\boldsymbol{x}, \boldsymbol{y} \rangle \overset{③}{=} \langle \overline{\lambda}\boldsymbol{x}, \boldsymbol{y} \rangle = \overline{\lambda}\langle \boldsymbol{x}, \boldsymbol{y} \rangle = 0.$$

---

[6] $f(\boldsymbol{x}) = A\boldsymbol{x}$ がユニタリ変換であることと $AA^* = E$ を使って，$|A^*\boldsymbol{x}| = |A(A^*\boldsymbol{x})| = |(AA^*)\boldsymbol{x}| = |\boldsymbol{x}|$ がわかるからです．

[7] でも，証明が苦手な方は……次の「正規行列の……特徴付け」へスキップしてください．

⑤（証明の主要部！）A の固有ベクトルを１つとり，$\boldsymbol{x}_1$ とします．このとき，$\boldsymbol{x}_1$ と直交するベクトル全体は部分空間になります．これを V_1 と表します．V_1 のベクトル $\boldsymbol{y}$ に対して，$A\boldsymbol{y}$ は④より $\boldsymbol{x}_1$ に直交するので，再び V_1 に入ります．よって $f(\boldsymbol{x}) = A\boldsymbol{x}$ を V_1 に制限して V_1 の線形変換 g が得られます．この g に対する固有ベクトルは（g は f の定義域，値域を制限しただけなので）f の固有ベクトルです．この固有ベクトルを $\boldsymbol{x}_2$ とおきます．

次に $\boldsymbol{x}_1, \boldsymbol{x}_2$ にともに直交するベクトル全体は部分空間になります．これを V_2 とおくと，V_2 のベクトル $\boldsymbol{y}$ に対して，$A\boldsymbol{y}$ は同様に④より $\boldsymbol{x}_1, \boldsymbol{x}_2$ に直交します．したがって f を V_2 に制限して，同様に $\boldsymbol{x}_1, \boldsymbol{x}_2$ に直交する f の固有ベクトル $\boldsymbol{x}_3$ が得られます．

この議論を繰り返して，互いに直交する f の固有ベクトルからなる基底が得られます．各ベクトルの長さを（$\dfrac{1}{|\boldsymbol{x}_1|}\boldsymbol{x}_1$ のように）１にして，f の固有ベクトルからなる正規直交基底が得られます．（証明終わり）

以上でテープリッツの定理の証明は終わりです．証明のポイントは③,④の事実（正規性からの帰結）です．

● 固有値によるユニタリ行列，エルミート行列の特徴付け ●

テープリッツの定理を用いて，正規行列の固有値によりユニタリ行列やエルミート行列が言い換えられます（証明は章末 134 ページ）．

命題　正規行列 A に対して

① A がユニタリ行列である．

$\iff$ A のすべての固有値の絶対値が１に等しい．

② A がエルミート行列である．

$\iff$ A のすべての固有値が実数である．

この命題から，ユニタリ行列やエルミート行列はそれぞれ

ユニタリ行列	$\longleftrightarrow$	絶対値１の複素数
エルミート行列	$\longleftrightarrow$	実数

のように対応すると解釈できます[8].

最後に具体例を計算します．お疲れさまでした．

● 例題 ●

次の行列の固有ベクトルからなる正規直交基底を 1 組与えよ．

(1) $A = \begin{bmatrix} 2 & 1+i \\ 1-i & 2 \end{bmatrix}$ (2) $B = \begin{bmatrix} 0 & -1 \\ 1 & 0 \end{bmatrix}$

解説 (1) は $A^* = A$ をみたすのでエルミート行列です．(2) は $B^*B = E$ なのでユニタリ行列です：

$$B^*B = \begin{bmatrix} 0 & 1 \\ -1 & 0 \end{bmatrix}\begin{bmatrix} 0 & -1 \\ 1 & 0 \end{bmatrix} = \begin{bmatrix} 1 & 0 \\ 0 & 1 \end{bmatrix}$$

また正規行列の異なる固有値に対する固有ベクトルは直交します．実際，固有値 λ の固有ベクトル $\boldsymbol{x}$ と固有値 μ の固有ベクトル $\boldsymbol{y}$ に対して，$\boldsymbol{y}$ は A^* の $\overline{\mu}$ の固有ベクトルにもなり，次のように計算できます：

$$\overline{\mu}\langle \boldsymbol{y}, \boldsymbol{x}\rangle = \langle \overline{\mu}\boldsymbol{y}, \boldsymbol{x}\rangle = \langle A^*\boldsymbol{y}, \boldsymbol{x}\rangle$$
$$= \langle \boldsymbol{y}, A\boldsymbol{x}\rangle = \langle \boldsymbol{y}, \lambda\boldsymbol{x}\rangle = \overline{\lambda}\langle \boldsymbol{y}, \boldsymbol{x}\rangle.$$

ゆえに $(\overline{\mu} - \overline{\lambda})\langle \boldsymbol{y}, \boldsymbol{x}\rangle = 0$ と $\lambda \neq \mu$ より $\langle \boldsymbol{y}, \boldsymbol{x}\rangle = 0$ です．

解答 (1) A の固有多項式は

$$\det\begin{bmatrix} 2-\lambda & 1+i \\ 1-i & 2-\lambda \end{bmatrix} = (2-\lambda)^2 - (1+i)(1-i) = \lambda^2 - 4\lambda + 2$$

です．したがって固有値は $\lambda = 2 \pm \sqrt{2}$ です．

固有値 $2+\sqrt{2}$: $-\sqrt{2}x + (1+i)y = 0$ を解いて，固有ベクトル（の 1 つ）は $\begin{bmatrix} 1+i \\ \sqrt{2} \end{bmatrix}$ です．

固有値 $2-\sqrt{2}$: $\sqrt{2}x + (1+i)y = 0$ を解いて，固有ベクトル（の 1 つ）は $\begin{bmatrix} 1+i \\ -\sqrt{2} \end{bmatrix}$ です．したがって長さを 1 にして，$\frac{1}{2}\begin{bmatrix} 1+i \\ \sqrt{2} \end{bmatrix}, \frac{1}{2}\begin{bmatrix} 1+i \\ -\sqrt{2} \end{bmatrix}$ が答えです．

[8] ちなみに歪（わい）エルミート行列（$A^* = -A$ をみたす行列 A）は純虚数に対応します．

(2) B の固有多項式は

$$\det\begin{bmatrix} -\lambda & -1 \\ 1 & -\lambda \end{bmatrix} = \lambda^2 + 1$$

です．したがって固有値は $\lambda = \pm i$ です．

固有値 i: $-ix - y = 0$ を解いて，固有ベクトル（の 1 つ）は $\begin{bmatrix} 1 \\ -i \end{bmatrix}$ です．

固有値 $-i$: $ix - y = 0$ を解いて，固有ベクトル（の 1 つ）は $\begin{bmatrix} 1 \\ i \end{bmatrix}$ です．したがって長さを 1 にして，$\dfrac{1}{\sqrt{2}}\begin{bmatrix} 1 \\ -i \end{bmatrix}, \dfrac{1}{\sqrt{2}}\begin{bmatrix} 1 \\ i \end{bmatrix}$ が答えです．

できるかな？　練習問題 （解答は 171 ページ）

次の行列の固有ベクトルからなる正規直交基底を 1 組求めよ．

(1) $\begin{bmatrix} 2 & 1 \\ 1 & 2 \end{bmatrix}$　(2) $\begin{bmatrix} 1 & -1 \\ 1 & 1 \end{bmatrix}$

第 10 章の補足

- 三角関数

座標平面において，原点 O を中心とする半径 1 の円周を C とします．C 上の点 P の x 座標や y 座標は，x 軸の正の部分と OP のなす角 θ（テータ）の関数になっています．この関数を

$$x \text{ 座標は } \cos\theta,\ \ y \text{ 座標は } \sin\theta$$

と表します（図 10.10）．$\cos\theta$ は余弦関数，$\sin\theta$ は正弦関数といいます．これらの関数を総じて三角関数といいます．

直角三角形の相似を利用すると，長さを表すのに三角関数は大変便利です．内積では，正射影の長さを表すのに利用しています．

- ユニタリ変換が内積を変えないこと：$\langle f(\boldsymbol{a}), f(\boldsymbol{b})\rangle = \langle \boldsymbol{a}, \boldsymbol{b}\rangle$ の証明

任意の $\boldsymbol{a}, \boldsymbol{b}$ に対して，$|\boldsymbol{a}+\boldsymbol{b}|^2 = |f(\boldsymbol{a}+\boldsymbol{b})|^2 = |f(\boldsymbol{a})+f(\boldsymbol{b})|^2$ より

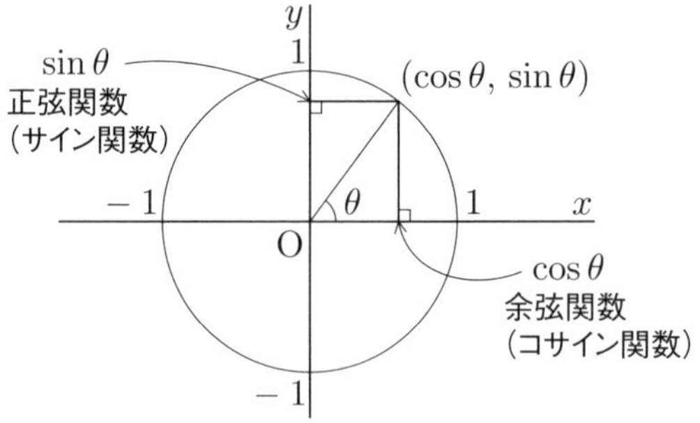

図 10.10　正弦関数と余弦関数

$$\begin{aligned}|\boldsymbol{a}+\boldsymbol{b}|^2 &= \langle \boldsymbol{a}+\boldsymbol{b}, \boldsymbol{a}+\boldsymbol{b}\rangle \\ &= \langle \boldsymbol{a},\boldsymbol{a}\rangle + \langle \boldsymbol{a},\boldsymbol{b}\rangle + \langle \boldsymbol{b},\boldsymbol{a}\rangle + \langle \boldsymbol{b},\boldsymbol{b}\rangle, \\ |f(\boldsymbol{a})+f(\boldsymbol{b})|^2 &= \langle f(\boldsymbol{a})+f(\boldsymbol{b}), f(\boldsymbol{a})+f(\boldsymbol{b})\rangle \\ &= \langle f(\boldsymbol{a}), f(\boldsymbol{a})\rangle + \langle f(\boldsymbol{a}), f(\boldsymbol{b})\rangle \\ &\qquad + \langle f(\boldsymbol{b}), f(\boldsymbol{a})\rangle + \langle f(\boldsymbol{b}), f(\boldsymbol{b})\rangle\end{aligned}$$

です．$\langle \boldsymbol{a},\boldsymbol{a}\rangle = \langle f(\boldsymbol{a}), f(\boldsymbol{a})\rangle$, $\langle \boldsymbol{b},\boldsymbol{b}\rangle = \langle f(\boldsymbol{b}), f(\boldsymbol{b})\rangle$ より

$$\langle \boldsymbol{a},\boldsymbol{b}\rangle + \langle \boldsymbol{b},\boldsymbol{a}\rangle = \langle f(\boldsymbol{a}), f(\boldsymbol{b})\rangle + \langle f(\boldsymbol{b}), f(\boldsymbol{a})\rangle \qquad (*)$$

です．一方，$\boldsymbol{a}$ を $i\boldsymbol{a}$ に変えると $(*)$ より，$\langle \boldsymbol{b}, i\boldsymbol{a}\rangle = -i\langle \boldsymbol{b},\boldsymbol{a}\rangle$ などから

$$\begin{aligned}\langle i\boldsymbol{a},\boldsymbol{b}\rangle + \langle \boldsymbol{b},i\boldsymbol{a}\rangle &= \langle f(i\boldsymbol{a}), f(\boldsymbol{b})\rangle + \langle f(\boldsymbol{b}), f(i\boldsymbol{a})\rangle \\ i(\langle \boldsymbol{a},\boldsymbol{b}\rangle - \langle \boldsymbol{b},\boldsymbol{a}\rangle) &= i(\langle f(\boldsymbol{a}), f(\boldsymbol{b})\rangle - \langle f(\boldsymbol{b}), f(\boldsymbol{a})\rangle) \\ \therefore \langle \boldsymbol{a},\boldsymbol{b}\rangle - \langle \boldsymbol{b},\boldsymbol{a}\rangle &= \langle f(\boldsymbol{a}), f(\boldsymbol{b})\rangle - \langle f(\boldsymbol{b}), f(\boldsymbol{a})\rangle \qquad (**)\end{aligned}$$

です．$(*)$, $(**)$ の辺々を足して 2 で割れば $\langle \boldsymbol{a},\boldsymbol{b}\rangle = \langle f(\boldsymbol{a}), f(\boldsymbol{b})\rangle$ です．

- エルミート変換と内積：$\langle f(\boldsymbol{a}), \boldsymbol{b}\rangle = \langle \boldsymbol{a}, f(\boldsymbol{b})\rangle$ の証明

エルミート変換の定義より $\langle f(\boldsymbol{a}+\boldsymbol{b}), \boldsymbol{a}+\boldsymbol{b}\rangle = \langle \boldsymbol{a}+\boldsymbol{b}, f(\boldsymbol{a}+\boldsymbol{b})\rangle$ です．そこで $f(\boldsymbol{a}+\boldsymbol{b}) = f(\boldsymbol{a}) + f(\boldsymbol{b})$ や $\langle f(\boldsymbol{a}), \boldsymbol{a}\rangle = \langle \boldsymbol{a}, f(\boldsymbol{a})\rangle$ などを利用して

$$\langle f(\boldsymbol{a}), \boldsymbol{b}\rangle + \langle f(\boldsymbol{b}), \boldsymbol{a}\rangle = \langle \boldsymbol{a}, f(\boldsymbol{b})\rangle + \langle \boldsymbol{b}, f(\boldsymbol{a})\rangle \tag{†}$$

が得られます．ユニタリ変換の場合と同様に $\boldsymbol{a}$ を $i\boldsymbol{a}$ に変えて，

$$\langle f(\boldsymbol{a}), \boldsymbol{b}\rangle - \langle f(\boldsymbol{b}), \boldsymbol{a}\rangle = \langle \boldsymbol{a}, f(\boldsymbol{b})\rangle - \langle \boldsymbol{b}, f(\boldsymbol{a})\rangle \tag{‡}$$

が得られ，(†), (‡) の辺々を足して 2 で割り $\langle f(\boldsymbol{a}), \boldsymbol{b}\rangle = \langle \boldsymbol{a}, f(\boldsymbol{b})\rangle$ です．

● テープリッツの定理の証明（①, ②の証明）

①の証明： 証明は行列の計算に帰着できますが，ここでは 3 次正方行列の場合に具体的に証明します．$A = [\boldsymbol{a}\ \ \boldsymbol{b}\ \ \boldsymbol{c}] = \begin{bmatrix} a_1 & b_1 & c_1 \\ a_2 & b_2 & c_2 \\ a_3 & b_3 & c_3 \end{bmatrix}$ とおきます．まず $\boldsymbol{y} = \begin{bmatrix} y_1 \\ y_2 \\ y_3 \end{bmatrix}$ に対して

$$\begin{aligned}
\left\langle \begin{bmatrix} 1 \\ 0 \\ 0 \end{bmatrix}, A\boldsymbol{y} \right\rangle &= \left\langle \begin{bmatrix} 1 \\ 0 \\ 0 \end{bmatrix}, y_1\boldsymbol{a} + y_2\boldsymbol{b} + y_3\boldsymbol{c} \right\rangle \\
&= \overline{y}_1\overline{a_1} + \overline{y}_2\overline{b_1} + \overline{y}_3\overline{c_1} = \left\langle \begin{bmatrix} \overline{a}_1 \\ \overline{b}_1 \\ \overline{c}_1 \end{bmatrix}, \begin{bmatrix} y_1 \\ y_2 \\ y_3 \end{bmatrix} \right\rangle
\end{aligned}$$

です．同様に計算して，

$$\left\langle \begin{bmatrix} 0 \\ 1 \\ 0 \end{bmatrix}, A\boldsymbol{y} \right\rangle = \left\langle \begin{bmatrix} \overline{a}_2 \\ \overline{b}_2 \\ \overline{c}_2 \end{bmatrix}, \begin{bmatrix} y_1 \\ y_2 \\ y_3 \end{bmatrix} \right\rangle, \quad \left\langle \begin{bmatrix} 0 \\ 0 \\ 1 \end{bmatrix}, A\boldsymbol{y} \right\rangle = \left\langle \begin{bmatrix} \overline{a}_3 \\ \overline{b}_3 \\ \overline{c}_3 \end{bmatrix}, \begin{bmatrix} y_1 \\ y_2 \\ y_3 \end{bmatrix} \right\rangle$$

です．したがって $\boldsymbol{x} = \begin{bmatrix} x_1 \\ x_2 \\ x_3 \end{bmatrix}$ に対して

$$\begin{aligned}
\langle \boldsymbol{x}, A\boldsymbol{y}\rangle &= \left\langle x_1 \begin{bmatrix} 1 \\ 0 \\ 0 \end{bmatrix} + x_2 \begin{bmatrix} 0 \\ 1 \\ 0 \end{bmatrix} + x_3 \begin{bmatrix} 0 \\ 0 \\ 1 \end{bmatrix}, A\boldsymbol{y} \right\rangle \\
&= x_1\left\langle \begin{bmatrix} \overline{a}_1 \\ \overline{b}_1 \\ \overline{c}_1 \end{bmatrix}, \begin{bmatrix} y_1 \\ y_2 \\ y_3 \end{bmatrix} \right\rangle + x_2\left\langle \begin{bmatrix} \overline{a}_2 \\ \overline{b}_2 \\ \overline{c}_2 \end{bmatrix}, \begin{bmatrix} y_1 \\ y_2 \\ y_3 \end{bmatrix} \right\rangle + x_3\left\langle \begin{bmatrix} \overline{a}_3 \\ \overline{b}_3 \\ \overline{c}_3 \end{bmatrix}, \begin{bmatrix} y_1 \\ y_2 \\ y_3 \end{bmatrix} \right\rangle \\
&= \left\langle x_1 \begin{bmatrix} \overline{a}_1 \\ \overline{b}_1 \\ \overline{c}_1 \end{bmatrix} + x_2 \begin{bmatrix} \overline{a}_2 \\ \overline{b}_2 \\ \overline{c}_2 \end{bmatrix} + x_3 \begin{bmatrix} \overline{a}_3 \\ \overline{b}_3 \\ \overline{c}_3 \end{bmatrix}, \begin{bmatrix} y_1 \\ y_2 \\ y_3 \end{bmatrix} \right\rangle \\
&= \langle A^*\boldsymbol{x}, \boldsymbol{y}\rangle
\end{aligned}$$

となり証明が終わります．n 次正方行列の場合も同様です．

②の証明：$\langle (A-\lambda E)\boldsymbol{x}, (A-\lambda E)\boldsymbol{x}\rangle$ と $\langle (A^*-\overline{\lambda}E)\boldsymbol{x}, (A^*-\overline{\lambda}E)\boldsymbol{x}\rangle$ を比べます：

$$
\begin{aligned}
&\langle (A-\lambda E)\boldsymbol{x}, (A-\lambda E)\boldsymbol{x}\rangle \\
&= \langle A\boldsymbol{x}, (A-\lambda E)\boldsymbol{x}\rangle - \langle \lambda\boldsymbol{x}, (A-\lambda E)\boldsymbol{x}\rangle \\
&= \langle A\boldsymbol{x}, A\boldsymbol{x}\rangle - \overline{\lambda}\langle A\boldsymbol{x}, \boldsymbol{x}\rangle - \lambda\langle \boldsymbol{x}, A\boldsymbol{x}\rangle + \lambda\overline{\lambda}\langle \boldsymbol{x}, \boldsymbol{x}\rangle, \\
&\langle (A^*-\overline{\lambda}E)\boldsymbol{x}, (A^*-\overline{\lambda}E)\boldsymbol{x}\rangle \\
&= \langle A^*\boldsymbol{x}, (A^*-\overline{\lambda}E)\boldsymbol{x}\rangle - \langle \overline{\lambda}\boldsymbol{x}, (A^*-\overline{\lambda}E)\boldsymbol{x}\rangle \\
&= \langle A^*\boldsymbol{x}, A^*\boldsymbol{x}\rangle - \lambda\langle A^*\boldsymbol{x}, \boldsymbol{x}\rangle - \overline{\lambda}\langle \boldsymbol{x}, A^*\boldsymbol{x}\rangle + \overline{\lambda}\lambda\langle \boldsymbol{x}, \boldsymbol{x}\rangle \\
&= \langle A\boldsymbol{x}, A\boldsymbol{x}\rangle - \lambda\langle \boldsymbol{x}, A\boldsymbol{x}\rangle - \overline{\lambda}\langle A\boldsymbol{x}, \boldsymbol{x}\rangle + \lambda\overline{\lambda}\langle \boldsymbol{x}, \boldsymbol{x}\rangle.
\end{aligned}
$$

最後の等号で A の正規性と①を使いました．したがって両者は等しくなり，$A-\lambda E$ は正規行列です．（証明終わり）

- ユニタリ行列，エルミート行列の特徴付けの証明

証明は固有ベクトルに着目します．A の固有値を λ，その固有ベクトルを $\boldsymbol{a}$ とします．$f(\boldsymbol{x}) = A\boldsymbol{x}$ がユニタリ変換ならば，

$$
|\boldsymbol{a}| = |f(\boldsymbol{a})| = |\lambda\boldsymbol{a}| \quad \therefore |\lambda| = 1
$$

となります．よって f がユニタリ変換，すなわち A がユニタリ行列ならば，すべての固有値の絶対値は 1 になります．

逆に，正規行列には固有ベクトルからなる正規直交基底が存在するので，固有値の絶対値がすべて 1 ならばユニタリ行列になります．例えば 3 次元では，このような正規直交基底を $\boldsymbol{a}, \boldsymbol{b}, \boldsymbol{c}$（固有値をそれぞれ λ, μ, δ）とすると $f(x\boldsymbol{a}+y\boldsymbol{b}+z\boldsymbol{c}) = \lambda x\boldsymbol{a}+\mu y\boldsymbol{b}+\delta z\boldsymbol{c}$ です．よって

$$
|x\boldsymbol{a}+y\boldsymbol{b}+z\boldsymbol{c}|^2 = |x|^2+|y|^2+|z|^2,
$$

（$\because$ $\boldsymbol{a}, \boldsymbol{b}, \boldsymbol{c}$ は正規直交基底だから）

$$
|f(x\boldsymbol{a}+y\boldsymbol{b}+z\boldsymbol{c})|^2 = |\lambda x\boldsymbol{a}+\mu y\boldsymbol{b}+\delta z\boldsymbol{c}|^2
$$

$$= |\lambda x|^2 + |\mu y|^2 + |\delta z|^2$$
$$= |x|^2 + |y|^2 + |z|^2.$$
$$(\because \text{仮定より} |\lambda|^2 = |\mu|^2 = |\delta|^2 = 1 \text{だから})$$

エルミート行列の場合も同様です．$\boldsymbol{a}, \boldsymbol{b}, \boldsymbol{c}, \lambda, \mu, \delta$ を上のとおりとします．$f(\boldsymbol{x}) = A\boldsymbol{x}$ がエルミート変換ならば

$$\langle f(\boldsymbol{a}), \boldsymbol{a} \rangle = \langle \lambda \boldsymbol{a}, \boldsymbol{a} \rangle = \lambda |\boldsymbol{a}|^2 \text{が実数} \quad \therefore \lambda \text{が実数}$$

です．同様に μ, δ も実数です．

逆に λ, μ, δ がすべて実数であるとすると，次のようになります：

$$\begin{aligned}
&\langle f(x\boldsymbol{a} + y\boldsymbol{b} + z\boldsymbol{c}), x\boldsymbol{a} + y\boldsymbol{b} + z\boldsymbol{c} \rangle \\
=&\langle \lambda x\boldsymbol{a} + \mu y\boldsymbol{b} + \delta z\boldsymbol{c}, x\boldsymbol{a} + y\boldsymbol{b} + z\boldsymbol{c} \rangle \\
=&\langle \lambda x\boldsymbol{a}, x\boldsymbol{a} \rangle + \langle \mu y\boldsymbol{b}, y\boldsymbol{b} \rangle + \langle \delta z\boldsymbol{a}, z\boldsymbol{c} \rangle \quad (\because \boldsymbol{a}, \boldsymbol{b}, \boldsymbol{c} \text{は直交するから}) \\
=&\lambda |x|^2 + \mu |y|^2 + \delta |z|^2 \text{は実数である} \quad (\because \lambda, \mu, \delta \text{は実数だから}).
\end{aligned}$$

勉強のあいまに — 内積と外積とグラスマン

木章で内積を学びました．でもどうして「内積」と呼ぶのでしょうか．

「内積」はグラスマンによる命名です．グラスマンは外積（2 つの空間ベクトルからそれらに垂直なベクトルを定める積．詳細は [ゼミ]2.5 参照）の一般化を研究していました．この一般化において，（たくさんのベクトルの）積が 0 にならない場合が，「どのベクトルも他のベクトルの 1 次結合全体の “外” にある」ときだったので，この積を「外積」と呼びました．「内積」の方は直交すると 0 なので，“外” 積の逆というわけです．

グラスマンは外積の一般化を『拡大論』（1844 年，1862 年改訂）にまとめました．抽象的な線形空間論もここで展開されています．しかし彼の理論は約 70 年もの間，十分に理解されませんでした．数学の抽象化が進んでようやく彼の理論の重要性が理解され，今日に至っています．私たちはこの理論を本書の最終章で学びます．

第11章 2次の式の分類

2次曲線

この章では2次式

$$ax^2 + 2bxy + cy^2 = p \tag{$*$}$$

$(a, b, c, p$ は実数$)$ で表される図形を調べます．「なぜ2次式？」と思ったかもしれません．実は上の2次式は行列の積を利用して

$$\begin{bmatrix} x & y \end{bmatrix} \begin{bmatrix} a & b \\ b & c \end{bmatrix} \begin{bmatrix} x \\ y \end{bmatrix} = p \tag{$**$}$$

と表されます．この式を確認します：

$$\begin{aligned}
&\begin{bmatrix} x & y \end{bmatrix} \begin{bmatrix} a & b \\ b & c \end{bmatrix} \begin{bmatrix} x \\ y \end{bmatrix} = \begin{bmatrix} x & y \end{bmatrix} \begin{bmatrix} ax + by \\ bx + cy \end{bmatrix} \\
&= x(ax + by) + y(bx + cy) = ax^2 + bxy + bxy + cy^2 \\
&= ax^2 + 2bxy + cy^2.
\end{aligned}$$

$(**)$ の左辺の真ん中の行列の成分で $(1, 2), (2, 1)$ 成分を等しく b でおくために，式 $(*)$ では xy の係数を $2b$ にしました．こうする理由はこの行列を対称行列にするためです．対称行列とは，成分が対角成分に関して対称になっている行列のことです．つまり $(1, 2)$ 成分と $(2, 1)$ 成分が等しい行列[1]のことです．

---

[1]一般に，どの i, j に対しても (i, j) 成分と (j, i) 成分が等しい行列を対称行列といいます．

成分が実数である対称行列はエルミート行列[2]でもあります．したがって前章で紹介したテープリッツの定理が適用できます．その結果，$(*)$ の表す図形の形を変えないまま，冒頭の 2 次式を

$$\alpha x^2 + \beta y^2 = p$$

と変数変換できます．α, β は $\begin{bmatrix} a & b \\ b & a \end{bmatrix}$ の固有値であり，しかも実数です（129 ページ）．なぜ，このように変形できるかをこの章で考えます．

本章の最後で 2 変数 2 次関数の極値の判定について紹介します．

11.1　2 次曲線

はじめに 2 次曲線について紹介します．2 次曲線には，楕円，双曲線，放物線の 3 つがあります（図 11.1）．

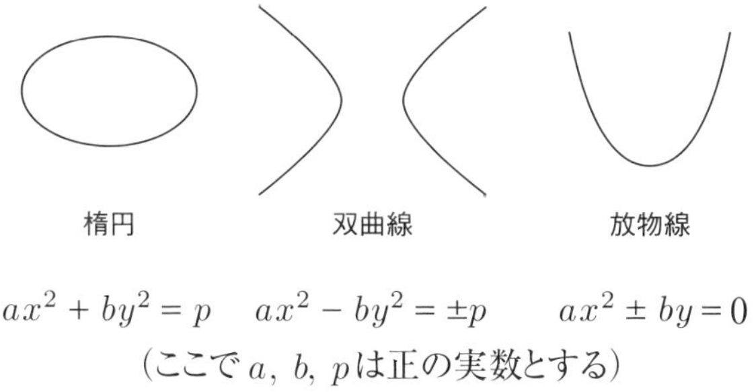

図 11.1　2 次曲線

さらに一般の 2 次式に着目すると，図 11.2 のようになります．

一般の場合 — 直交変換

本章の冒頭の 2 次式 $(*)$ を考えます．この式の特徴は $(**)$ の行列

$$A = \begin{bmatrix} a & b \\ b & a \end{bmatrix}$$

---

[2] 127 ページ参照

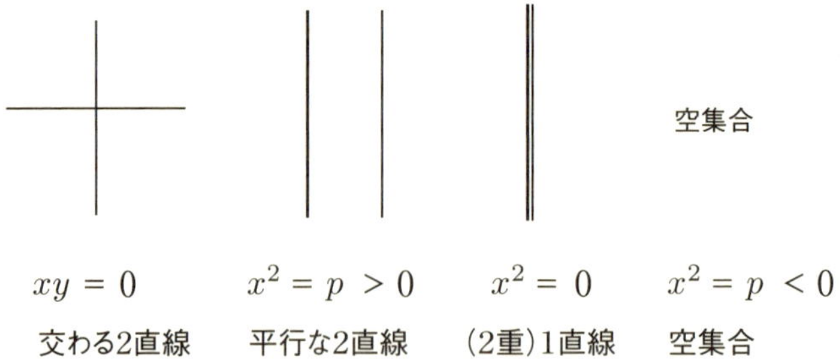

図 11.2 2 次曲線（退化）

と p により決まります．まず行列 A を調べます．

A は対称行列なので，テープリッツの定理より，固有ベクトルからなる正規直交基底があります．この基底を $\boldsymbol{a} = \begin{bmatrix} a_1 \\ a_2 \end{bmatrix}, \boldsymbol{b} = \begin{bmatrix} b_1 \\ b_2 \end{bmatrix}$ とし，それぞれの固有値を α, β（実数）とします．$A\boldsymbol{a} = \alpha\boldsymbol{a}, A\boldsymbol{b} = \beta\boldsymbol{b}$ より

$$A\begin{bmatrix} a_1 & b_1 \\ a_2 & b_2 \end{bmatrix} = \begin{bmatrix} \alpha a_1 & \beta b_1 \\ \alpha a_2 & \beta b_2 \end{bmatrix} = \begin{bmatrix} a_1 & b_1 \\ a_2 & b_2 \end{bmatrix}\begin{bmatrix} \alpha & 0 \\ 0 & \beta \end{bmatrix} \cdots ①$$

がわかります．$\boldsymbol{a}, \boldsymbol{b}$ が正規直交基底なので $T = \begin{bmatrix} a_1 & b_1 \\ a_2 & b_2 \end{bmatrix}$ は直交行列です[3]．したがって $T^* = {}^tT = T^{-1}$ より

$$T^{-1} = \begin{bmatrix} a_1 & b_1 \\ a_2 & b_2 \end{bmatrix}^{-1} = \begin{bmatrix} a_1 & a_2 \\ b_1 & b_2 \end{bmatrix} \left(= {}^tT \text{（転置行列）}\right)$$

です．よって①の両辺に左から $T^{-1} = {}^tT$ を掛けて

$${}^tTAT = \begin{bmatrix} \alpha & 0 \\ 0 & \beta \end{bmatrix} \qquad (\diamondsuit)$$

が得られます．この式 $(\diamondsuit)$ が変数変換において重要です．

さて，$\boldsymbol{a}, \boldsymbol{b}$ が定める座標で $(**)$（136 ページ）を見直しましょう．具

[3]行列の成分がすべて実数であるユニタリ行列は直交行列といいます．よって直交行列 T では $T^{-1} = T^* = {}^tT$ です．

体的には次のようにします：

$$\begin{bmatrix} x \\ y \end{bmatrix} = x'\boldsymbol{a} + y'\boldsymbol{b} = \begin{bmatrix} a_1x' + b_1y' \\ a_2x' + b_2y' \end{bmatrix} = \begin{bmatrix} a_1 & b_1 \\ a_2 & b_2 \end{bmatrix} \begin{bmatrix} x' \\ y' \end{bmatrix} = T \begin{bmatrix} x' \\ y' \end{bmatrix}.$$

このように x, y と x', y' は変換されます．また

$$[x \ \ y] = [a_1x' + b_1y' \quad a_2x' + b_2y'] = [x' \ \ y'] \begin{bmatrix} a_1 & a_2 \\ b_1 & b_2 \end{bmatrix} = [x' \ \ y']\,{}^tT$$

となります．以上の変換式を $(**)$ の左辺に代入して，

$$\begin{aligned}(\text{左辺}) &= \left([x' \ \ y']\,{}^tT\right) A \left(T \begin{bmatrix} x' \\ y' \end{bmatrix}\right) \\ &= [x' \ \ y']\,({}^tTAT) \begin{bmatrix} x' \\ y' \end{bmatrix} \\ &= [x' \ \ y'] \begin{bmatrix} \alpha & 0 \\ 0 & \beta \end{bmatrix} \begin{bmatrix} x' \\ y' \end{bmatrix} \quad (\because (\diamondsuit) \text{ を使う}) \\ &= \alpha x'^2 + \beta y'^2 = p \ (\text{右辺})\end{aligned}$$

と変換されます．よって，$(**)$ の表す曲線は $\alpha x'^2 + \beta y'^2 = p$ となり，本節の冒頭で紹介した曲線のいずれかになることがわかります．

具体例を計算しましょう．

$$9x^2 + 4xy + 6y^2 = [x \ \ y] \begin{bmatrix} 9 & 2 \\ 2 & 6 \end{bmatrix} \begin{bmatrix} x \\ y \end{bmatrix} = 10$$

を考えます．上の説明のように $A = \begin{bmatrix} 9 & 2 \\ 2 & 6 \end{bmatrix}$ の固有値，固有ベクトルを計算します．A の固有多項式は

$$\begin{aligned}\det \begin{bmatrix} 9-\lambda & 2 \\ 2 & 6-\lambda \end{bmatrix} &= (9-\lambda)(6-\lambda) - 4 \\ &= \lambda^2 - 15\lambda + 50 = (\lambda - 5)(\lambda - 10)\end{aligned}$$

となり，固有値は 5, 10 です．したがって座標変換したあとの式は

$$5x'^2 + 10y'^2 = 10 \quad \therefore \ \frac{x'^2}{2} + y'^2 = 1$$

となり，この式が表す曲線は楕円になります．固有ベクトルも求めると

固有値 5 : $4x+2y = 0$ より $\begin{bmatrix} 1 \\ -2 \end{bmatrix}$, 固有値 10 : $-x+2y = 0$ より $\begin{bmatrix} 2 \\ 1 \end{bmatrix}$

となります．よってこの式の表す楕円は図 11.3 のとおりです．

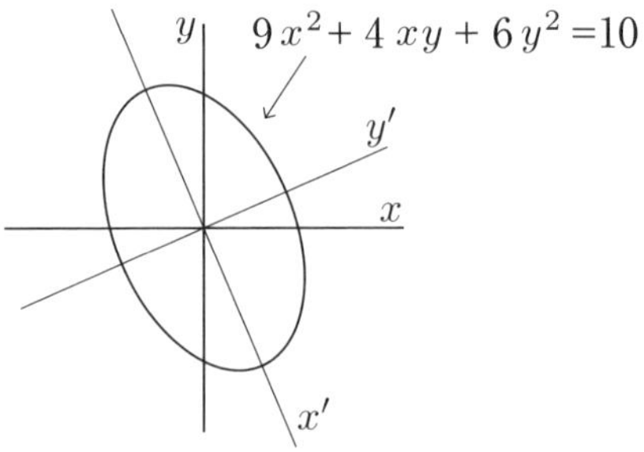

図 11.3 2 次式が表す曲線

11.2 2 次曲線の判定

2 次曲線 (∗∗)（136 ページ）に対して，固有値，固有ベクトルを求めずに，曲線の形を決定するにはどうしたらよいでしょうか．

A の固有多項式 $\lambda^2 - (a+d)\lambda + ad - bc$ に解と係数の関係を適用します．すると A の固有値 α, β に対して

$$\alpha + \beta = a + d, \quad \alpha\beta = ad - bc$$

が得られます．$a + d$ を A のトレース（対角成分の和）と呼びます．$ad - bc$ は A の行列式です．行列式やトレースから 2 つの固有値の符号がわかり，p の符号と合わせて曲線の形が決定できます（表 1）．この場合では放物線は現れません．

表 1： $ax^2+2bxy+cy^2=p$ で表される曲線

行列式（固有値）	トレースと p の符号		
	同符号	異符号, $p \neq 0$	$p=0$
＋（同符号）	楕円	空集合	点
0（0 と他）	異なる平行 2 直線	空集合	一直線（2 重）
−（異符号）	双曲線		交わる 2 直線

一般の 2 次方程式は

$$ax^2+2bxy+cy^2+2dx+2ey+f=0 \qquad (*)'$$

という形をしています．係数の 2 倍は話の都合で入れてあります．A の行列式 $\det A$ が零に等しいか，そうでないかに従って場合分けします．

① $\det A \neq 0$ の場合． 平行移動を利用して $(*)$ の形に変形できます．確認しましょう．$\boldsymbol{x}=\begin{bmatrix} x \\ y \end{bmatrix}$, $\boldsymbol{d}=\begin{bmatrix} d \\ e \end{bmatrix}$ とおくと，$(*)'$ は

$$[x \ \ y]\begin{bmatrix} a & b \\ b & c \end{bmatrix}\begin{bmatrix} x \\ y \end{bmatrix}+2[x \ \ y]\begin{bmatrix} d \\ e \end{bmatrix}+f={}^t\boldsymbol{x}A\boldsymbol{x}+2\,{}^t\boldsymbol{x}\boldsymbol{d}+f=0 \quad (*)''$$

と表せます．この $(*)''$ に $\boldsymbol{x}=\boldsymbol{y}-A^{-1}\boldsymbol{d}$ を代入すると，

$${}^t\boldsymbol{x}A\boldsymbol{x}+2\,{}^t\boldsymbol{x}\boldsymbol{d}+f={}^t\boldsymbol{y}A\boldsymbol{y}-{}^t\boldsymbol{d}A^{-1}\boldsymbol{d}+f=0$$

となります（計算の詳細は章末 146 ページ）．したがって ${}^t\boldsymbol{y}A\boldsymbol{y}={}^t\boldsymbol{d}A^{-1}\boldsymbol{d}-f$ は $(*)$ の形です．あとは A の行列式とトレース，および ${}^t\boldsymbol{d}A^{-1}\boldsymbol{d}-f$ を計算すれば，表 1 に従って曲線の形がわかります．

② $\det A=0$ の場合． A の $\boldsymbol{o}$ でない列ベクトル（$\det A=0$ よりどちらも平行）の長さを 1 にしたものを $\boldsymbol{u}$，これと直交する長さ 1 のベクトルを $\boldsymbol{v}$ とします．$\boldsymbol{u}$ は A の固有ベクトルです．一般に $\boldsymbol{x}$ に対して $x_u=\langle \boldsymbol{x},\boldsymbol{u}\rangle$, $x_v=\langle \boldsymbol{x},\boldsymbol{v}\rangle$ とおきます．この記号で $\boldsymbol{d}$ は

$$\boldsymbol{d}=\langle \boldsymbol{d},\boldsymbol{u}\rangle\boldsymbol{u}+\langle \boldsymbol{d},\boldsymbol{v}\rangle\boldsymbol{v}=d_u\boldsymbol{u}+d_v\boldsymbol{v}$$

と表せます．A は固有ベクトルからなる直交基底をもつので，$\boldsymbol{v}$ も A の固有ベクトルです（固有値は 0）：

$$A\boldsymbol{u} = \alpha\boldsymbol{u},\ A\boldsymbol{v} = \boldsymbol{o},\ \alpha \neq 0.$$

そこで $\boldsymbol{x}, \boldsymbol{d}$ の分解を代入して，次のように変形できます：

$${}^t\boldsymbol{x}A\boldsymbol{x} + 2\,{}^t\boldsymbol{x}\boldsymbol{d} + f$$

$$= {}^t(x_u\boldsymbol{u} + x_v\boldsymbol{v})A(x_u\boldsymbol{u} + x_v\boldsymbol{v}) + 2\,{}^t(x_u\boldsymbol{u} + x_v\boldsymbol{v})(d_u\boldsymbol{u} + d_v\boldsymbol{v}) + f$$

（$\boldsymbol{x}, \boldsymbol{d}$ の分解を代入）

$$= {}^t(x_u\boldsymbol{u} + x_v\boldsymbol{v})(\alpha x_u\boldsymbol{u}) + 2\,(x_u d_u + x_v d_v) + f$$

（A を計算）（$\boldsymbol{u}, \boldsymbol{v}$ を計算）

$$= \alpha(x_u)^2 + 2\,(x_u d_u + x_v d_v) + f$$

（$\boldsymbol{u}, \boldsymbol{v}$ を計算）

$$= \alpha\left(x_u + \frac{d_u}{\alpha}\right)^2 - \frac{{d_u}^2}{\alpha} + 2x_v d_v + f = 0.$$

（平方完成）

したがって $x' = x_u + \dfrac{d_u}{\alpha}$, $y' = x_v$ とおけば，上の変形より

$$\alpha\, x'^2 = -2d_v y' + \frac{{d_u}^2}{\alpha} - f$$

となります．よって $d_v \neq 0$ のとき，つまり A の $\boldsymbol{o}$ でない列ベクトルと $\boldsymbol{d}$ が平行でないとき，$(*)''$ は放物線を表します．

$d_v = 0$ のとき，$p = \dfrac{{d_u}^2}{\alpha} - f$ と表 1 から曲線の形がわかります．α は A のトレースです（もうひとつの固有値が 0 だから）．例えば

$$x^2 + 2xy + y^2 + 8x + 4y + 3 = 0$$

は放物線を表します．$A = \begin{bmatrix} 1 & 1 \\ 1 & 1 \end{bmatrix}$, $\boldsymbol{d} = \begin{bmatrix} 4 \\ 2 \end{bmatrix}$ より $\boldsymbol{u} = \dfrac{1}{\sqrt{2}}\begin{bmatrix} 1 \\ 1 \end{bmatrix}$, $\boldsymbol{v} = \dfrac{1}{\sqrt{2}}\begin{bmatrix} 1 \\ -1 \end{bmatrix}$, $\alpha = 2$ とおきます．このとき上の公式より

$$2x'^2 = -2\frac{2}{\sqrt{2}}y' + 9 - 3 = -2\sqrt{2}\,y' + 6 \quad \therefore\ x'^2 = -\sqrt{2}\,y' + 3$$

という放物線になります（図 11.4）．ここで $x' = (x + y + 3)/\sqrt{2}$, $y' = (x - y)/\sqrt{2}$ とおいています．

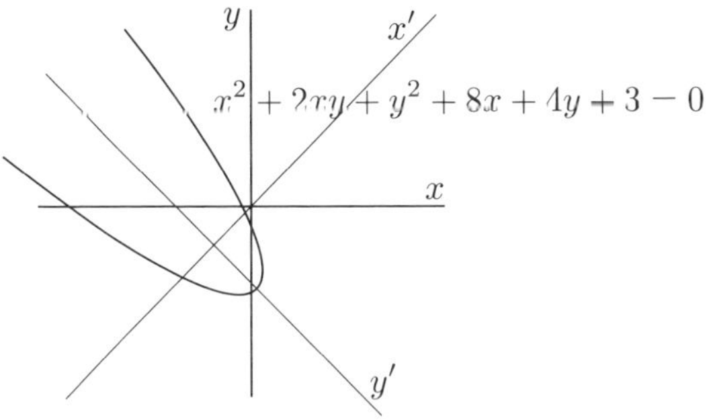

図 11.4　2 次式が表す曲線（一般）

まとめ 24 〜〜〜〜〜〜〜〜〜〜〜〜〜〜〜〜〜〜〜〜〜〜〜〜〜〜〜〜

次の 2 次式で定義される曲線は次のいずれかである：

$$
\begin{aligned}
& ax^2 + 2bxy + cy^2 + 2dx + 2ey + f \\
=& [x \ \ y] \begin{bmatrix} a & b \\ b & c \end{bmatrix} \begin{bmatrix} x \\ y \end{bmatrix} + 2[x \ \ y] \begin{bmatrix} d \\ e \end{bmatrix} + f = 0.
\end{aligned}
$$

① $ac - b^2 > 0$ のとき，楕円，または，一点，空集合.
② $ac - b^2 = 0$ のとき，放物線，または，直線（平行，2 重），空集合
③ $ac - b^2 < 0$ のとき，双曲線，または，交わる異なる 2 直線

詳しい分類は表 1（141 ページ），142 ページを参照せよ.

〜〜〜〜〜〜〜〜〜〜〜〜〜〜〜〜〜〜〜〜〜〜〜〜〜〜〜〜〜〜〜〜

11.3　2 変数 2 次関数の極大，極小

前節を応用して，原点 $\mathrm{O} = (0, 0)$ のまわりにおいて，2 変数関数

$$f(x, y) = ax^2 + 2bxy + cy^2 + 2dx + 2ey$$

の値の増減を調べます．$f(x, y)$ が原点 O で極大になるとは，O の近くでは $f(x, y)$ が O で最大値をとることです．極小とは最小値の場合です．極大値や極小値をまとめて極値といいます（図 11.5）．

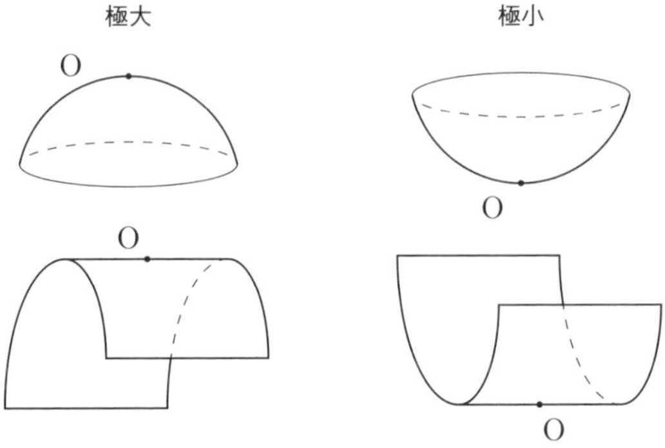

図 11.5 2 変数 2 次関数の極値

極大や極小の条件を議論したいので $f(0, 0) = 0$ の場合を考えます．$f(x, y)$ が原点で極値をとるためには，$y = 0$ や $x = 0$ に制限しても極値になっている必要があります．したがって

$$f(x, 0) = ax^2 + 2dx = x(ax + 2d),$$
$$f(0, y) = cy^2 + 2ey = y(cy + 2e)$$

より $d = 0$, $e = 0$ でなければいけません．実際，例えば $d \neq 0$ ならば $f(x, 0)$ のグラフからわかります（図 11.6）．$e \neq 0$ でも同様です．

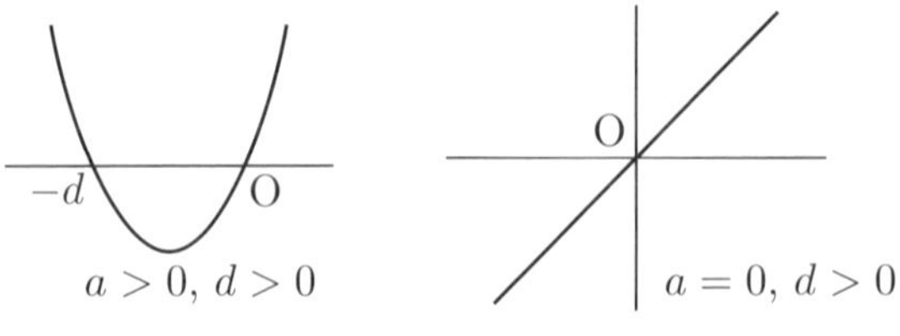

図 11.6 $y = 0$ での様子（例）

よって $f(x, y)$ が O で極値をもつ場合は $f(x, y) = ax^2 + 2bxy + cy^2$

です．そこで $z = f(x, y)$ のグラフを表 1（141 ページ，$p = z$ とする）に従って求めると図 11.7 のようになります．

このように 2 次曲線（あるいはグラフは 2 次曲面）を利用して，2 変数 2 次関数の極値を判定できます．

まとめ 25

極小： $\bullet a > 0,\ \det \begin{bmatrix} a & b \\ b & c \end{bmatrix} = ac - b^2 > 0$，または

$\bullet a + c > 0,\ ac - b^2 = 0 \quad (f(x, y) = (\sqrt{|a|}x \pm \sqrt{|c|}y)^2)$

極大： $\bullet a < 0,\ \det \begin{bmatrix} a & b \\ b & c \end{bmatrix} = ac - b^2 > 0$，または

$\bullet a + c < 0,\ ac - b^2 = 0 \quad (f(x, y) = -(\sqrt{|a|}x \pm \sqrt{|c|}y)^2)$

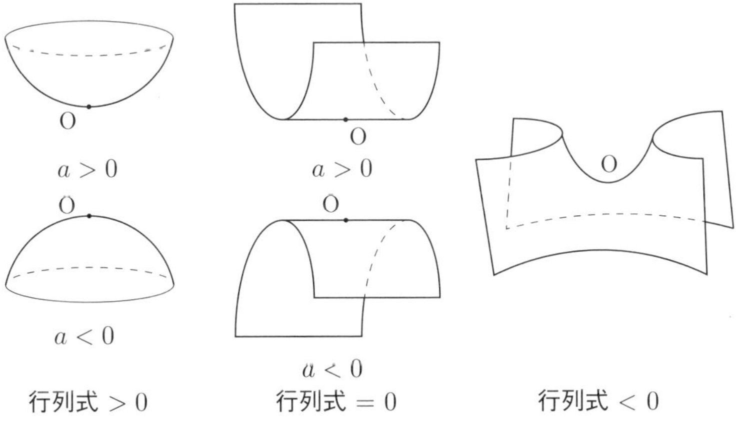

図 11.7　2 変数 2 次関数の極値（まとめ）

できるかな？　演習問題　（解答は **171** ページ）

次の 2 次曲線は，楕円，放物線，双曲線のいずれか．

(1) $2x^2 - 4xy + 3y^2 = 1$　(2) $x^2 - 4xy + 3y^2 = 1$

第 11 章の補足

- 141 ページの計算

等式 ${}^t\boldsymbol{x}A\boldsymbol{x}+2\,{}^t\boldsymbol{x}\boldsymbol{d}+f={}^t\boldsymbol{y}A\boldsymbol{y}-{}^t\boldsymbol{d}A^{-1}\boldsymbol{d}+f$ の計算（${}^tA=A$ より ${}^t(A^{-1})=A^{-1}$ に注意してください）：

$$
\begin{aligned}
&{}^t\boldsymbol{x}A\boldsymbol{x}+2\,{}^t\boldsymbol{x}\boldsymbol{d}+f\\
&={}^t(\boldsymbol{y}-A^{-1}\boldsymbol{d})A(\boldsymbol{y}-A^{-1}\boldsymbol{d})+2\,{}^t(\boldsymbol{y}-A^{-1}\boldsymbol{d})\boldsymbol{d}+f\\
&=({}^t\boldsymbol{y}-{}^t\boldsymbol{d}\,{}^tA^{-1})(A\boldsymbol{y}-\boldsymbol{d})+2({}^t\boldsymbol{y}-{}^t\boldsymbol{d}\,{}^tA^{-1})\boldsymbol{d}+f\\
&={}^t\boldsymbol{y}A\boldsymbol{y}-{}^t\boldsymbol{y}\boldsymbol{d}-{}^t\boldsymbol{d}\,{}^tA^{-1}A\boldsymbol{y}+{}^t\boldsymbol{d}\,{}^tA^{-1}\boldsymbol{d}+2\,{}^t\boldsymbol{y}\boldsymbol{d}-2\,{}^t\boldsymbol{d}\,{}^tA^{-1}\boldsymbol{d}+f\\
&={}^t\boldsymbol{y}A\boldsymbol{y}-{}^t\boldsymbol{y}\boldsymbol{d}-{}^t\boldsymbol{d}\boldsymbol{y}+2\,{}^t\boldsymbol{y}\boldsymbol{d}-{}^t\boldsymbol{d}\,{}^tA^{-1}\boldsymbol{d}+f\\
&={}^t\boldsymbol{y}A\boldsymbol{y}-{}^t\boldsymbol{d}A^{-1}\boldsymbol{d}+f.
\end{aligned}
$$

勉強のあいまに — センスのいい分類

高校で学ぶ数学の内容に比べて，大学入試の数学はとても難しいと思います．というのも，限られた学習内容の範囲から，大勢の受験生から選抜するために出題されるからだと思います．「研究」という観点からみれば，限定された範囲での難問よりは，むしろ，簡単であっても本質を見抜く力が重要だと思います．

数学における分類でも同じです．細かく分類するのが本来の目的ではなく，本質的な場合について分類するのが目的です．2 次曲線の分類は，曲線の形に注目して分類しました．分類で重要なことは，分類する視点です．本質をついた簡単な分類が大事です．

また分類の基本は「すべて」の場合を尽くして考えることです．想定外はありえません．もしあるとすれば，分類の対象外にすることなどでしょうか．

第12章
和とスカラー倍が合言葉
●●●●抽象化●●●●

　　本書も最後の章になりました．これまで線形代数をできるだけ「具体的」に説明してきましたが，ここで一気に飛躍します．これまでの内容の共通点を抽出します．共通点は和とスカラー倍です．これらをまとめて線形性といいます．この抽出した原理に焦点を当てます．

幾何ベクトル　　　　　　　　　数ベクトル

$$\alpha \begin{bmatrix} 1 \\ 2 \end{bmatrix} + \beta \begin{bmatrix} 3 \\ 1 \end{bmatrix}$$

和とスカラー倍
（1次結合）

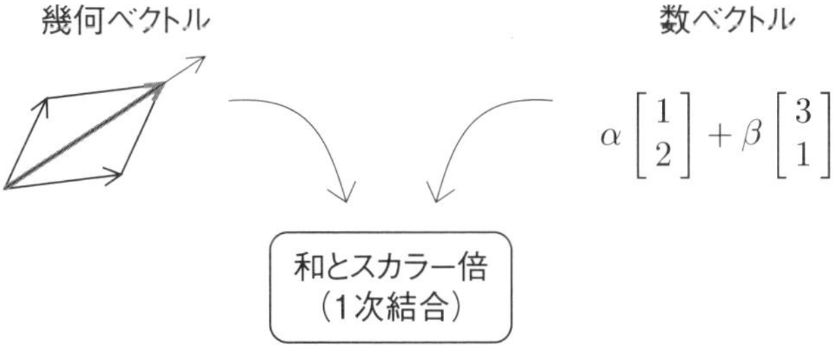

図 12.1　具象から共通点を抽出する

　本章では抽象的な内容が多く登場します．抽象的なままでは難しいので，部分空間などの具体例を想像して考えてください．「抽象的」でも「要約」だと思えば理解が進むと思います．

　最後までお付き合いください．

12.1 公理化と定義

これまでの内容で共通することは，数の加減乗除や，数ベクトルの和やスカラー倍です．これらの演算を利用して，ベクトルの1次結合や線形写像を考えてきました．

そこで，この共通点を抽出するにあたって

「加減乗除とは何か？」
「和やスカラー倍とは何か？」

という根本的な問題に直面します．いきなり「何か？」と言われても，「いつも当然のように計算していること」ぐらいでしょうか．返答に困ってしまいます．

現代数学では，このような根本的な問題に「当然のようにできること」を（注意深く厳選して）公理にして対処します[1]．実は，この対処例を4.1節で紹介しています．「体（たい）」がそうです．体では，数の加減乗除の基本的な性質を公理（基本法則）に採用して，この公理をみたすものをすべて「加減乗除」と考えます．公理さえみたせば，何でも数と同じように考えます．この発想を今度は，ベクトルの和とスカラー倍に適用して，線形空間を定義します．

体と線形空間の考え方

加減乗除 $\xrightarrow{\text{公理化}}$ 体

和とスカラー倍 $\xrightarrow{\text{公理化}}$ 線形空間

12.2 線形空間

それでは線形空間の定義を紹介します．

[1]これが1つの処方箋です．「必ず，そうする！」という強い意味ではありません．

定義　K を体とする．集合 V の任意の 2 元 $\boldsymbol{a}, \boldsymbol{b}$ に対して V の元 $\boldsymbol{a}+\boldsymbol{b}$（和という）が定まり，$V$ の任意の元 $\boldsymbol{a}$ と K の任意の元 α に対して V の元 $\alpha\boldsymbol{a}$（スカラー倍という）が定まり，次の (1)〜(7) をみたすとき，V を K 線形空間，あるいは単に線形空間という：

(1) V の任意の元 $\boldsymbol{a}, \boldsymbol{b}, \boldsymbol{c}$ に対して $\boldsymbol{a}+(\boldsymbol{b}+\boldsymbol{c})=(\boldsymbol{a}+\boldsymbol{b})+\boldsymbol{c}$.

(2) V の任意の元 $\boldsymbol{a}, \boldsymbol{b}$ に対して $\boldsymbol{a}+\boldsymbol{b}=\boldsymbol{b}+\boldsymbol{a}$.

(3) V のある元 $\boldsymbol{o}$ が存在して，V の任意の元 $\boldsymbol{a}$ に対して $\boldsymbol{a}+\boldsymbol{o}=\boldsymbol{a}$ をみたす．(零元の存在)

(4) V の任意の元 $\boldsymbol{a}$ に対して，$\boldsymbol{a}+\boldsymbol{a}'=\boldsymbol{o}$ となる V の元 $\boldsymbol{a}'$ がある．この $\boldsymbol{a}'$ を $-\boldsymbol{a}$ と表す．(逆元の存在)

(5) K の任意の元 α, β と V の任意の元 $\boldsymbol{a}$ に対して，
$(\alpha\beta)\boldsymbol{a}=\alpha(\beta\boldsymbol{a})$.

(6) V の任意の元 $\boldsymbol{a}$ に対して，$1\boldsymbol{a}=\boldsymbol{a}$.

(7) V の任意の元 $\boldsymbol{a}, \boldsymbol{b}$ および K の任意の元 α, β に対して，
$$(\alpha+\beta)\boldsymbol{a}=\alpha\boldsymbol{a}+\beta\boldsymbol{a},\ \ \alpha(\boldsymbol{a}+\boldsymbol{b})=\alpha\boldsymbol{a}+\alpha\boldsymbol{b}.$$

以上が線形空間の定義です．何だかたくさん条件が並んでいて難しそうに見えます．しかし，たくさん並んでいても実は，いつも成り立ちそうな自然な条件ばかりです．ですから神経質にならなくて結構です．ポイントは，線形空間を議論するには「これだけの条件で十分」なことです．

● 線形空間の例 ●

具体例を 5 つ紹介します．線形空間のポイントは和とスカラー倍です．具体例でさまざまな和とスカラー倍を観察してください．

① 数ベクトル空間は線形空間です．和やスカラー倍はこれまでどおりです：

$$[\text{和}]\ \begin{bmatrix} a \\ b \end{bmatrix}+\begin{bmatrix} c \\ d \end{bmatrix}=\begin{bmatrix} a+c \\ b+d \end{bmatrix}\qquad [\text{スカラー倍}]\ \alpha\begin{bmatrix} a \\ b \end{bmatrix}=\begin{bmatrix} \alpha a \\ \alpha b \end{bmatrix}.$$

② 体 K の元を成分とする 2×3 行列全体は，行列の和と K の元に

よるスカラー倍に関して，K 線形空間です．行列の和やスカラー倍の性質は，和とスカラー倍の公理をみたします．

$$[\text{和}]\begin{bmatrix} a & b & c \\ d & e & f \end{bmatrix} + \begin{bmatrix} p & q & r \\ s & t & u \end{bmatrix} = \begin{bmatrix} a+p & b+q & c+r \\ d+s & e+t & f+u \end{bmatrix}$$

$$[\text{スカラー倍}]\ \alpha \begin{bmatrix} a & b & c \\ d & e & f \end{bmatrix} = \begin{bmatrix} \alpha a & \alpha b & \alpha c \\ \alpha d & \alpha e & \alpha f \end{bmatrix}.$$

③ 複素数は $a+bi$（a, b は実数，i は虚数単位）の形の数でした．複素数全体を複素数体と呼び，$\mathbb{C}$ と表しました[2]．複素数体は複素数の和と複素数倍（複素数との積）に関して，$\mathbb{C}$ 線形空間です．

$$[\text{和}]\ z+w\ (\text{複素数の和})$$
$$[\text{スカラー倍}]\ zw\ (\text{複素数の積}).$$

一方，スカラー倍として実数倍を考えるとき，$\mathbb{C}$ は $\mathbb{R}$ 線形空間です．

④ 体 K の元を係数とし，変数を x とする多項式全体は，多項式の和と定数倍（K の元を掛ける積）に関して K 線形空間です．

⑤ 各項が体 K の元である数列を K 数列と呼ぶことにします．K 数列全体のなす集合を考えます．考えにくいかもしれませんが，K 数列をすべて集めてきた集合です．気楽に想像してください（図 12.2）．

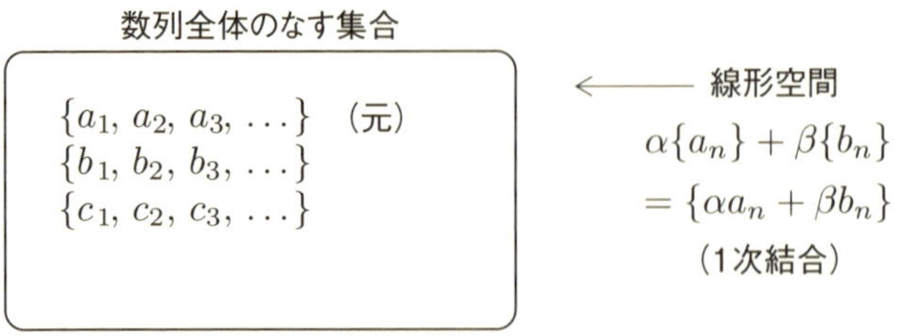

図 12.2 数列全体のなす線形空間

[2] 30 ページ参照．他の体を表す記号 $\mathbb{Q}$ や $\mathbb{R}$ も確認してください．

この K 数列全体は K 数列の和とスカラー倍に関して K 線形空間です．ここで K 数列の和やスカラー倍は次のように定義します．K 数列 $\{a_n\}$, $\{b_n\}$ と K の元 α に対して，

$$[\text{和}]\ \{a_n\} + \{b_n\} = \{a_n + b_n\}\ \text{（各項の和）}$$
$$[\text{スカラー倍}]\ \alpha\{a_n\} = \{\alpha\, a_n\}\ \text{（各項のスカラー倍）}.$$

この線形空間の元は 1 つの数列です．数列に和とスカラー倍を自然に考え，全部集めてきたものが，ここで説明した線形空間の例です．

「全部集めて和とスカラー倍を考える」

これが線形空間の考え方です．個別の元ではなく「集まり」に注目しています．難しいかもしれませんが，こういう見方は現代数学を理解するのに役立ちます．

ところで和とスカラー倍はいろいろなところに登場していますね．

まとめ 26

和とスカラー倍を備えた集合を線形空間という．

● 基底と次元 ●

K 線形空間について，部分空間と同様に基底や次元を考えることができます．これらの基礎は「1 次結合」です．1 次結合は和とスカラー倍で定義されます．つまり，K 線形空間 V の有限個の元 $\boldsymbol{a}, \boldsymbol{b}, \boldsymbol{c}, \ldots$ の 1 次結合とは

$$\alpha\boldsymbol{a} + \beta\boldsymbol{b} + \gamma\boldsymbol{c} + \cdots \quad (\alpha, \beta, \gamma, \ldots \text{ は } K \text{ の元})$$

のことです．K 線形空間の基底，次元は 5.4 節と同様に定義します：

定義 K 線形空間 V の元 $\boldsymbol{a}, \boldsymbol{b}, \boldsymbol{c}, \ldots$ は次の①, ②をみたすとき，V の基底という：

① V の任意の元は $\boldsymbol{a}, \boldsymbol{b}, \boldsymbol{c}, \ldots$ の 1 次結合で表される．

② $\boldsymbol{a}, \boldsymbol{b}, \boldsymbol{c}, \ldots$ の 1 次結合は一意的である．

V の基底を 1 組とり，その基底をなす元の個数を V の次元といいます．記号で $\dim_K V$ あるいは $\dim V$ と表します．

一般に線形空間を考える場合，基底や次元に特別な意味が生じます．例えば複素数体の例を考えてみましょう．

複素数は定義から，1 と i（虚数単位）の（$\mathbb{R}$ 線形空間としての）1 次結合 $a+bi$ (a, b は実数) で表されます．一方，1 と i は $\mathbb{R}$ 線形空間の元として 1 次独立です．55 ページの条件 (o) を確認します．$a+bi=0$ (a, b は実数) とします．もし $b \neq 0$ とすると

$$i = -\frac{a}{b} \quad \therefore\ i^2 = \frac{a^2}{b^2} \geq 0 \quad \text{しかし } i^2 = -1 < 0 \text{ に矛盾します！}$$

ゆえに背理法により $b=0$ であり，このことから $a=0$ もわかります．以上により $a=b=0$ なので，$1, i$ は 1 次独立です．

ここでの 1 次独立性のポイントは「実数の 2 乗は非負である」ことです．つまり実数の性質が重要です：

1 次独立性のポイント：「実数の 2 乗は非負である」（実数の性質）

「1 次独立」は線形代数の概念ですが，この一般的な概念が実数の一性質を説明しています．これだけでも線形代数は応用範囲が広いと思いませんか．

12.3 線形写像

線形写像も線形空間の間の写像に一般化されます．部分空間の間の線形写像の定義（67 ページ）では，ベクトルの 1 次結合しか使っていません．したがってここでの定義も同様です．

定義 K 線形空間 V から W への写像 $f\colon V \to W$ が次をみたすとき，f を K 線形写像，あるいは単に線形写像という：「V の任意の元 $\boldsymbol{a}, \boldsymbol{b}$ と K の任意の元 α, β に対して，

$$f(\alpha\boldsymbol{a} + \beta\boldsymbol{b}) = \alpha f(\boldsymbol{a}) + \beta f(\boldsymbol{b})$$

が成り立つ．」

● 線形写像の例 ●

それでは例を紹介しましょう．

① 行列の積で定まる数ベクトル空間の間の写像は線形写像です．つまり $m \times n$ 行列 A に対して，

$$\begin{array}{rccc} f\colon n\text{ 次元数ベクトル空間} & \longrightarrow & m\text{ 次元数ベクトル空間}\,; \\ \boldsymbol{x} & \longmapsto & f(\boldsymbol{x}) = A\boldsymbol{x} \end{array}$$

は線形写像です．数ベクトルの成分として体 K の元を考えるときは，K 線形写像です．線形写像の定義は 1 次結合を保つことですから，この写像を部分空間に制限した写像も線形写像です．

② 数ベクトルに限らず，一般に行列の積は線形写像を定めます．すなわち，$m \times n$ 行列 A に対して，$n \times k$ 行列全体から $m \times k$ 行列全体への写像 $X \mapsto AX$ は線形写像です：

$$\begin{array}{ccc} n \times k\text{ 行列全体} & \longrightarrow & m \times k\text{ 行列全体}\,; \\ X & \longmapsto & AX. \end{array}$$

③ 複素数倍は複素数体 $\mathbb{C}$ から $\mathbb{C}$ への線形写像です：複素数 w に対して

$$\begin{array}{rccc} f_w\colon \mathbb{C} & \longrightarrow & \mathbb{C}; \\ z & \longmapsto & zw. \end{array}$$

実際，複素数 a, a', z, z' に対して，次の計算から f_w の線形性（1 次結合を保つこと）がわかります：

$$\begin{aligned} f_w(az + a'z') &= (az + a'z')w \\ &= a(zw) + a'(z'w) = af_w(z) + a'f_w(z'). \end{aligned}$$

上のように複素数体を $\mathbb{C}$ 線形空間とみると複素数倍 f_w は $\mathbb{C}$ 線形写像です．一方 $\mathbb{R}$ 線形空間とみると，複素数倍は $\mathbb{R}$ 線形写像です．元の写り方は全く同じですが，見方が違います．

…… 次の例は意外かもしれません ……

④ 数列

$$\{a_n\} = \{a_1, a_2, a_3, \ldots, a_n\ (\text{第}\ n\ \text{項}), \ldots\}$$

に対して，項を 1 つずらす写像 （S と表すと）

$$S(\{a_n\}) = \{a_2, a_3, a_4, \ldots, a_{n+1}\ (\text{第}\ n\ \text{項}), \ldots\}$$

は数列全体のなす線形空間から同じ線形空間への写像です．つまり S は，数列を上のように並べて書けば，第 1 項を取り除いて全体を左にずらす写像です．数列を数列に写します．この写像 S をずらし変換といいます（図 12.3）．

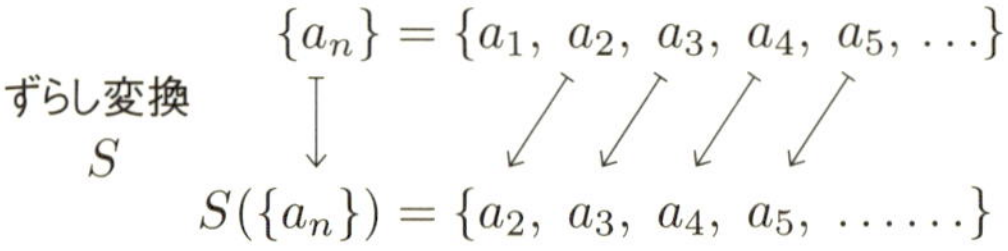

図 12.3　ずらし変換

ずらし変換 S は線形写像です．実際，数列の和やスカラー倍の定義を用いて次のように確かめることができます：

$$\begin{aligned}
&S(\alpha\{a_n\} + \beta\{b_n\}) \\
&= S(\{\alpha a_1 + \beta b_1, \alpha a_2 + \beta b_2, \alpha a_3 + \beta b_3, \ldots\}) \\
&\qquad (\text{数列の 1 次結合の定義}) \\
&= \{\alpha a_2 + \beta b_2, \alpha a_3 + \beta b_3, \alpha a_4 + \beta b_4, \ldots\} \\
&\qquad (S\ \text{の定義}) \\
&= \alpha\{a_2, a_3, a_4, \ldots\} + \beta\{b_2, b_3, b_4, \ldots\} \\
&\qquad (\text{数列の 1 次結合の定義}) \\
&= \alpha S(\{a_n\}) + \beta S(\{b_n\}). \\
&\qquad (S\ \text{の定義})
\end{aligned}$$

この考え方を応用して，数列の一般項の求め方（9.3 節）を説明できます．160 ページで説明します．

数列全体を線形空間とみて，ずらし変換 S を線形写像とみるのは，慣れないと難しいかもしれません．柔軟に考えてください（図 12.4）．

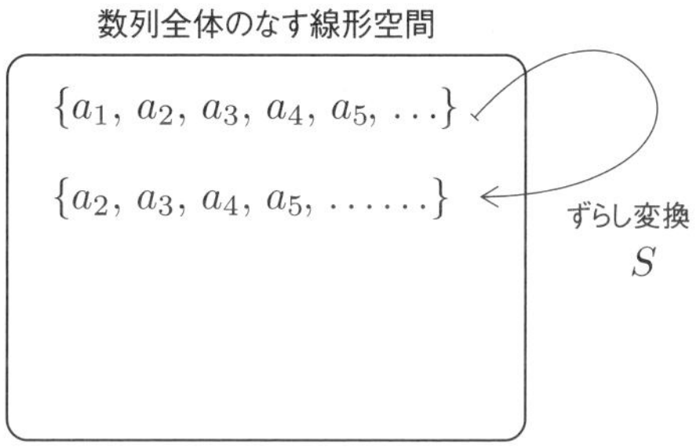

図 12.4 数列全体のなす線形空間とずらし変換

まとめ 27

線形空間の間の写像は，1 次結合を保つとき，線形写像という．第 6 章で学んだ線形写像だけでなく，数列の項をずらす変換も線形写像（線形変換）の例である．

12.4 内積

内積も一般化されます．線形写像と同様に，内積の定義（121 ページ）も，複素数とベクトルの 1 次結合だけで述べられていました．ですから，$\mathbb{C}$ 線形空間上の内積の定義は，以前の定義と全く同様です．「部分空間」を「線形空間」に変更するだけです．再掲は省略します．

内積の例

線形空間と考えられる対象が広がった分，内積もさらにいろいろ考えられます．例を紹介しましょう．

① 実数を成分とする 2 次正方行列全体のなす線形空間を V とします．V 上の内積を，$A=\begin{bmatrix} a_{11} & a_{12} \\ a_{21} & a_{22} \end{bmatrix}$, $B=\begin{bmatrix} b_{11} & b_{12} \\ b_{21} & b_{22} \end{bmatrix}$ に対して

$$\begin{aligned} \langle A,B\rangle =&(AB\text{ のトレース}) \\ =&(AB\text{ の }(1,1)\text{ 成分})+(AB\text{ の }(2,2)\text{ 成分}) \\ =&a_{11}b_{11}+a_{12}b_{21}+a_{21}b_{12}+a_{22}b_{22} \end{aligned}$$

と定義します．（内積であることの証明は省略します．）この内積は，例えばリー環論[3]においてキリング形式と呼ばれています．これはリー環の性質を調べるのに利用されます．

② x を変数とする 2 次以下の実数係数多項式全体のなす線形空間を V とします．V 上の内積を，V に入る多項式 $f(x), g(x)$ に対して

$$\langle f(x),g(x)\rangle = f(-1)g(-1)+f(0)g(0)+f(1)g(1)$$

と定義します．（これが V 上の内積であることの確認は省略します．）例えば $\langle f(x),f(x)\rangle \geq 0$ です．また

$$\langle f(x),f(x)\rangle = f(-1)^2+f(0)^2+f(1)^2=0$$

ならば $f(-1)=f(0)=f(1)=0$ です．したがって $f(x)=ax^2+bx+c$ から直接計算して，$f(x)=0$ がわかります．

12.5 応用

線形空間に抽象化したご利益（りやく）を 3 つ紹介します．

1 つめは，2 つの多項式の共通根を判定する行列式を紹介します．この行列式は終結式と呼ばれています．

[3]正方行列のなす環はリー環の基本的な例です．リー環論に関する基本的な文献は例えば，佐武一郎著『リー環の話 [新版]』，日評数学選書（日本評論社）を参照してください．

2つめは漸化式を線形空間の観点から見直します．漸化式を解くことが正真正銘，固有ベクトルを求めることになります．

3つめは多項式の展開を内積による正射影の観点から見直します．これも線形代数の応用とわかると驚くかもしれません．

どの話もすぐに線形代数の原理がみえてこないかもしれません．ゆっくりと考えて，和とスカラー倍で抽象化したご利益を十分にご堪能いただれば幸いです．それでは順に説明しましょう．

● 終結式 ●

みなさんは2次方程式の判別式をご存知でしょうか．2次方程式 $x^2+ax+b=0$ の判別式を

$$D=a^2-4b$$

と定義します．（簡単のため x^2 の係数を1としています．）この2次方程式の解を α,β とすると，解と係数の関係

$$\alpha+\beta=-a,\quad \alpha\beta=b$$

より判別式は次のように変形できます：

$$\begin{aligned} D=&a^2-4b=\{-(\alpha+\beta)\}^2-4\alpha\beta\\ =&(\alpha^2+2\alpha\beta+\beta^2)-4\alpha\beta\\ =&\alpha^2-2\alpha\beta+\beta^2=(\alpha-\beta)^2 \end{aligned}$$

したがって判別式に関して重要な結論：

$$D=0\iff x^2+ax+b=0 \text{ は重解をもつ}$$

が得られます．

さて，この判別式を，線形代数を応用して導くことができます．$f(x)=x^2+ax+b=0$ と $g(x)=2x+a=0$ が共通解を持つ条件を[4]，次の線形写像を用いて述べます．定数 p と高々1次式 $h(x)=qx+r$ に対

[4] この条件が $f(x)=0$ が重解を持つ条件です．

して，$s(x) = pf(x) + h(x)g(x)$ を対応させる写像を Φ とします：

$$\Phi\colon (p, h(x)) \longmapsto s(x) = pf(x) + h(x)g(x).$$

ここで $s(x)$ を具体的に計算します：

$$\begin{aligned} s(x) &= p(x^2 + ax + b) + (qx + r)(2x + a) \\ &= (px^2 + apx + bp) + \{2qx^2 + (aq + 2r)x + ar\} \\ &= (p + 2q)x^2 + (ap + aq + 2r)x + (bp + ar). \end{aligned}$$

以上により，Φ は次の写像です：

$$(p, qx + r) \longmapsto (p + 2q)x^2 + (ap + aq + 2r)x + (bp + ar).$$

ここから難しくなります．もう少しだけ頑張ってください．

定数と高々 1 次式の組全体や，高々 2 次式全体はそれぞれ 3 次元線形空間とみなせます：

$$\begin{aligned} \text{定数と高々 1 次式の組全体} &= \ ((p, qx + r) \text{ の集まり}) \\ \text{高々 2 次式全体} &= \ (px^2 + qx + r \text{ の集まり}) \end{aligned}$$

組については，例えばスカラー倍を $\alpha(s(x), t(x)) = (\alpha s(x), \alpha t(x))$ のように成分ごとに考えます．このとき Φ は線形写像です．理由は，上の写像の式を基底 $x^2, x, 1$ に関する成分表示でみれば，行列の積に直せるからです：

$$\begin{bmatrix} p \\ q \\ r \end{bmatrix} \mapsto \begin{bmatrix} p + 2q \\ ap + aq + 2r \\ bp + ar \end{bmatrix} = \begin{bmatrix} 1 & 2 & 0 \\ a & a & 2 \\ b & 0 & a \end{bmatrix} \begin{bmatrix} p \\ q \\ r \end{bmatrix}.$$

この 3 次正方行列について次の事実が知られています：

$$\begin{aligned} & f(x) = g(x) = 0 \text{ の解が存在する} \\ \iff & \det \begin{bmatrix} 1 & 2 & 0 \\ a & a & 2 \\ b & 0 & a \end{bmatrix} = -a^2 + 4b = 0. \end{aligned}$$

この行列式が終結式です．この場合はちょうど判別式 $\times(-1)$ に等しいです！ このように行列式から判別式を計算することができます．

ここで終結式の理論で一般に知られていることを簡単な場合に説明します．2つの方程式 $a_0x^2+a_1x+a_2=0$ と $b_0x+b_1=0$ （ただし $a_0b_0\neq 0$）に共通解が存在する条件は，

$$\det\begin{bmatrix} a_0 & b_0 & 0 \\ a_1 & b_1 & b_0 \\ a_2 & 0 & b_1 \end{bmatrix} = a_0b_1^2+a_2b_0^2-a_1b_0b_1=0$$

です．より一般の多項式でも似た行列式が知られています．例えば2つの2次方程式 $a_0x^2+a_1x+a_2=0$, $b_0x^2+b_1x+b_2=0$ $(a_0b_0\neq 0)$ の共通解[5]が存在する条件は行列式を用いて

$$\det\begin{bmatrix} a_0 & 0 & b_0 & 0 \\ a_1 & a_0 & b_1 & b_0 \\ a_2 & a_1 & b_2 & b_1 \\ 0 & a_2 & 0 & b_2 \end{bmatrix} = 0$$

となります．係数の並ぶ規則がわかりますか．

なぜ行列式 $=0$ で共通解の存在がわかるか，考えてみましょう．$f(x)=g(x)=0$ に解 $x=\alpha$ があったとします．このとき $f(x)=(x-\alpha)f_1(x)$, $g(x)=(x-\alpha)g_1(x)$ と因数分解されるので，

$$pf(x)+(qx+r)g(x)=\{pf_1(x)+(qx+r)g_1(x)\}(x-\alpha)$$

となります．すなわち $\varPhi$ の像は必ず $(x-\alpha)$ の倍式になるので，高々2次式全体にはなりません．例えば定数1は $(x-\alpha)$ の倍式にはなりません．したがって $\dim\operatorname{Im}\varPhi<\dim V$ です．次元定理より

$$\dim\operatorname{Ker}\varPhi=\dim V-\dim\operatorname{Im}\varPhi>0$$

であり，37ページのまとめより，上の行列式が0になります．

[5] 虚数解も考えます．

一方, 共通解がない場合は Φ の像は高々 2 次式全体になります. 実際 $f(x)$ を $g(x)$ で割って $f(x) = d(x)g(x)+e$ (e は定数) とすれば, 共通解がないので $e \neq 0$ です. 任意の高々 2 次式 $h(x)$ を $h(x) = k(x)g(x)+m$ (m は定数) と表せば, 次の計算から $h(x)$ が Φ の像に入ります：

$$\begin{aligned} h(x) &= k(x)g(x) + m \\ &= k(x)g(x) + \frac{m}{e}\left(f(x) - d(x)g(x)\right) \\ &= \frac{m}{e}f(x) + \left(k(x) - \frac{m}{e}d(x)\right)g(x). \end{aligned}$$

よって $\dim \mathrm{Im}\,\Phi = 3$ となり, 次元定理より

$$\dim \mathrm{Ker}\,\Phi = \dim V - \dim \mathrm{Im}\,\Phi = 3 - 3 = 0$$

です. ゆえに上で求めた行列式は 0 になりません (37 ページ参照).

以上により, 行列式 $= 0$ で共通解の存在がわかります.

● 漸化式再考 ●

線形空間論を応用して, 漸化式の解法を自然に導きます. 漸化式

$$a_{n+2} - a_{n+1} - a_n = 0 \tag{$*$}$$

をみたす実数の数列 $\{a_n\}$ 全体 V を考えます. この V は数列の和とスカラー倍に関して線形空間です. 実際 $(*)$ をみたす 2 つの数列 $\{a_n\}$, $\{b_n\}$ の 1 次結合 $\alpha\{a_n\} + \beta\{b_n\} = \{\alpha a_n + \beta b_n\}$ は,

$$\begin{aligned} &(\alpha a_{n+2} + \beta b_{n+2}) - (\alpha a_{n+1} + \beta b_{n+1}) - (\alpha a_n + \beta b_n) \\ &= \alpha(a_{n+2} - a_{n+1} - a_n) + \beta(b_{n+2} - b_{n+1} - b_n) = 0 + 0 = 0 \end{aligned}$$

より, 再び $(*)$ をみたすからです. また数列のずらし変換

$$S \colon \{a_1, a_2, a_3, \ldots\} \longmapsto \{a_2, a_3, a_4, \ldots\}$$

は, $(*)$ をみたす数列を再び $(*)$ をみたす数列に写します. したがって S は V から V への線形変換になります.

ここで第 8 章を応用して，S の固有値，固有ベクトルを考えます．そのために S を行列で表します．$(*)$ をみたす数列 $\{c_n\}$ と $\{d_n\}$ を

$$\{c_n\} = \{\underline{1}, \underline{0}, 1, 1, 2, 3, \ldots\}$$
$$\{d_n\} = \{\underline{0}, \underline{1}, 1, 2, 3, 5, \ldots\}$$

と定めます．$(*)$ をみたす数列は，上の下線を引いた第 1 項，第 2 項が決まると一意的に決まることに注意してください．

数列 $p\{c_n\} + q\{d_n\}$ はずらし変換 S で

$$\{pc_2 + qd_2 = \underline{q}, pc_3 + qd_3 = \underline{p+q}, pc_4 + qd_4, \ldots\}$$

に写ります．この数列は下線を引いた q, $p+q$ で定まるので，数列 $q\{c_n\} + (p+q)\{d_n\}$ と一致することがわかります．したがって S により，$\{c_n\}, \{d_n\}$ の 1 次結合 $p\{c_n\} + q\{d_n\}$ は

$$p\{c_n\} + q\{d_n\} \longmapsto q\{c_n\} + (p+q)\{d_n\}$$

と写ります．これを $\{c_n\}, \{d_n\}$ に関する成分表示でみると

$$\begin{bmatrix} p \\ q \end{bmatrix} \mapsto \begin{bmatrix} q \\ p+q \end{bmatrix} = \begin{bmatrix} 0 & 1 \\ 1 & 1 \end{bmatrix} \begin{bmatrix} p \\ q \end{bmatrix}$$

となります．右辺の 2 次正方行列は $\{c_n\}, \{d_n\}$ に関する S の表現行列です．この行列を用いて S の固有多項式は

$$\det \begin{bmatrix} -\lambda & 1 \\ 1 & 1-\lambda \end{bmatrix} = (-\lambda)(1-\lambda) - 1 = \lambda^2 - \lambda - 1$$

です．漸化式 $(*)$ の特性多項式に一致しています．よって固有値は

$$\lambda = \frac{1 \pm \sqrt{(-1)^2 - 4 \cdot 1 \cdot (-1)}}{2} = \frac{1 \pm \sqrt{5}}{2}$$

です．この固有値を λ, μ とおきます（$\lambda > \mu$）．

一方，ずらし変換 S の固有ベクトルは等比数列

$$\{\lambda^{n-1}\} = \{1, \lambda, \lambda^2, \ldots\} \text{ と } \{\mu^{n-1}\} = \{1, \mu, \mu^2, \ldots\}$$

です．実際，次のようにしてわかります．μ の方も同様です：

$$\begin{aligned} S(\{\lambda^{n-1}\}) &= \{\lambda, \lambda^2, \lambda^3, \lambda^4, \ldots\} \\ &= \lambda\{1, \lambda, \lambda^2, \lambda^3, \ldots\} = \lambda\{\lambda^{n-1}\}. \end{aligned}$$

以上により，抽象化した線形空間論を応用して，V の任意の元，つまり $(*)$ をみたす任意の数列は，ずらし変換 S の固有ベクトル $\{\lambda^{n-1}\}, \{\mu^{n-1}\}$ の 1 次結合

$$\alpha\{\lambda^{n-1}\} + \beta\{\mu^{n-1}\} = \{\alpha\lambda^{n-1} + \beta\mu^{n-1}\}$$

で表されます．こうして $(*)$ をみたす数列の一般項が計算されました．これは 107 ページと同じ結論です．隣接 3 項間の漸化式の解法（106 ページ）はずらし変換の固有ベクトルを計算することだったのです！

● テイラー展開，フーリエ展開 ●

内積に関する直交基底を応用した例を紹介します．ここでは（難しいかもしれませんが）テイラー展開（後述）への応用を説明します．簡単のため実数係数多項式を考えます．

多項式 $f(x) = a_n x^n + a_{n-1}x^{n-1} + \cdots + a_1 x + a_0$ の微分 $f'(x)$ を

$$f'(x) = na_n x^{n-1} + (n-1)a_{n-1}x^{n-2} + \cdots + a_1$$

と定義します．要するに，微分の規則は「x の指数を前に出して，指数を 1 つ減らす」という規則です．例えば次のようになります：

$$\begin{aligned} &(1)' = 0, (x)' = 1, (x^2)' = 2x, (x^3)' = 3x^2, \\ &(x^4)' = 4x^3, (x^5)' = 5x^4, \ldots, (x^n)' = nx^{n-1}, \ldots. \end{aligned}$$

この微分を利用して，多項式の別の展開が得られます．次の定理です．

定理（テイラー展開（多項式版））

高々 n 次の多項式 $f(x)$ は，任意の実数 p に対して，次をみたす：

$$\begin{aligned} f(x) =& f(p) + f^{(1)}(p)(x-p) + \frac{f^{(2)}(p)}{2!}(x-p)^2 \\ & + \frac{f^{(3)}(p)}{3!}(x-p)^3 + \cdots + \frac{f^{(k)}(p)}{k!}(x-p)^k \\ & + \cdots + \frac{f^{(n)}(p)}{n!}(x-p)^n. \text{（テイラー展開）} \end{aligned}$$

ここで $k! = k(k-1)\cdots 2\cdot 1$（階乗）を表し，$f^{(k)}(x)$ は $f(x)$ を k 回続けて微分して得られる多項式を表す．$f^{(0)}(x) = f(x)$ とする．

まずテイラー展開を具体的に確認してみましょう．例えば $f(x) = ax+b$ では $f^{(1)}(x) = a$ だから，テイラー展開の右辺の式を計算すると

$$f(p) + f^{(1)}(p)(x-p) = (ap+b) + a(x-p) = ax+b$$

となり，$f(x)$ に一致します．2 次式 $f(x) = ax^2+bx+c$ では，$f^{(1)}(x) = 2ax+b$, $f^{(2)}(x) = 2a$ だから，同様に計算すると

$$\begin{aligned} & f(p) + f^{(1)}(p)(x-p) + \frac{f^{(2)}(p)}{2!}(x-p)^2 \\ &= (ap^2+bp+c) + (2ap+b)(x-p) + \frac{2a}{2}(x-p)^2 \\ &= (ap^2+bp+c) + \{(2ap+b)x - (2ap^2+bp)\} + a(x^2-2px+p^2) \\ &= ax^2+bx+c = f(x) \end{aligned}$$

となります．この定理を，内積を用いて証明できます．まず多項式の内積を多項式 $f(x)$ と $g(x) = a_m x^m + \cdots + a_1 x + a_0$ に対して，

$$\begin{aligned} \langle f(x), g(x)\rangle =& f^{(m)}(0)a_m + f^{(m-1)}(0)a_{m-1} \\ & + \cdots + f^{(2)}(0)a_2 + f^{(1)}(0)a_1 + f(0)a_0 \end{aligned}$$

と定義します．これは 121 ページに定義した内積になっています（証明は省略）．この内積に関して，$1, x, x^2, \ldots$ は直交しています．実際，

$$(x^m)^{(n)} = \begin{cases} 0 & (m < n \text{ のとき}) \\ m! & (m = n \text{ のとき}) \\ \dfrac{m!}{(m-n)!}\, x^{m-n} & (m > n \text{ のとき}) \end{cases}$$

より

$$\langle x^m, x^n \rangle = \begin{cases} 0 & (m \neq n \text{ のとき}) \\ m! & (m = n \text{ のとき}) \end{cases}$$

となるからです（$0! = 1$ が定義です）．

ここで正射影への分解（116 ページ）を参考に，$1, x, x^2, \ldots$ に関する正射影で n 次式 $f(x)$ を分解してみます．分解式は

$$f(x) = \frac{\langle f(x), 1\rangle}{\langle 1, 1\rangle}1 + \frac{\langle f(x), x\rangle}{\langle x, x\rangle}x + \frac{\langle f(x), x^2\rangle}{\langle x^2, x^2\rangle}x^2 + \cdots + \frac{\langle f(x), x^n\rangle}{\langle x^n, x^n\rangle}x^n$$

です．それぞれの内積については

$$\langle f(x), x^k \rangle = f^{(k)}(0)$$

となります．したがって上の分解式は結局，

$$f(x) = f(0) + f^{(1)}(0)x + \frac{f^{(2)}(0)}{2!}x^2 + \cdots + \frac{f^{(n)}(0)}{n!}x^n$$

となります．これはまさにテイラー展開（$p = 0$ のとき）です！ 内積に関する正射影による分解がテイラー展開になるわけです．

一般の p では内積を工夫して

$$\langle f(x), (x-p)^k \rangle = f^{(k)}(p)$$

と定義すれば，同様にテイラー展開が得られます．またこの内積に関して，$1, x, x^2, \ldots$ からシュミットの直交化法で構成した直交基底は，$1, (x-p), (x-p)^2, \ldots$ になります．シュミットの直交化法で

$$1, x, x^2, \ldots \text{ から } 1, x-p, (x-p)^2, \ldots$$

が計算されます．シュミットの直交化法が身近に思えてきませんか．

こうした内積を利用した分解はフーリエ展開でも利用されます（下記参照）．フーリエ展開では $1, x, x^2, \ldots$ のかわりに，

$$1, \sin x, \cos x, \sin 2x, \cos 2x, \sin 3x, \cos 3x, \ldots$$

を利用します．内積の定義には積分[6]を利用します．

できるかな？　演習問題 （解答は 171 ページ）

実数係数多項式 $f(x) = ax + b, g(x) = cx + d$ に対して，

$$\langle f(x), g(x) \rangle = f(0)g(0) + f(1)g(1)$$

と定義する．

(1)　$\langle f(x), g(x) \rangle$ は実数係数高々 1 次式全体のなす実線形空間の内積になることを示せ．

(2)　$1, x$ にシュミットの直交化法を適用して $\langle \ , \ \rangle$ に関する正規直交基底を求めよ．

勉強のあいまに — フーリエ展開

テイラー展開は，一般の関数を $1, x, x^2, \ldots$（べき関数）の定数倍の和で表した展開です．微積分学ではもちろん多項式に限定しません．

ところで，べき関数のかわりに三角関数の定数倍の和で関数を表すのがフーリエ展開です．弦の振動などの周期的現象だけでなく，一般の関数においても三角関数の和で表すことは有用です．フーリエ（ジョセフ・フーリエ，1768–1830）はフランスの数学者であり物理学者です．『熱の解析的理論』（1822 年）において，この理論を発表しました．

これらは関数の話ですが，本章で紹介したように抽象化したおかげで，線形空間や内積の観点からフーリエ展開を説明できます．また，逆に考えて，関数の展開を内積による直交分解と解釈して，他の状況に一般化できます．このように「自然な見方を与え，一般化を容易にする」のが抽象化の利点です．

[6]積分は面積や体積に関する概念で，高校数学では数学 II や数学 III で勉強します．

あとがき

おつかれさまでした．これで全部の説明が終わりました．つるかめ算から行列，数ベクトル，そして，行列の姿も見えてこないような抽象線形空間と，さまざまな内容を説明してきました．

読者の皆さんは，本書で説明した数学が誕生し，そして完成するまでの長い歴史を体感したでしょうか．「わからない」や「難しい」という感覚が，自然に，数学の発展のギャップを感じとっています．

数学の発展（進化や深化）は，何世代にも渡って引き継がれ，私たちの財産になっています．こうした理論が今日の自然科学や社会（情報社会，科学技術など）を支えています．

本書では線形代数のエッセンスを紹介して，勉強のコツを説明しました．もう一歩，上の段階へ進みたい，あるいは線形代数を使いこなしたい，という方は，より詳しい本にチャレンジしてみてください．

「難しかった」という感想の方もこれからが大事です．数学を説明した本は一度読んでわかった，ということが少ない本です．「読む」作業だけで集中力を持続するのもかなり困難です．時に中断して，頭を整理したり，ノートを取ってみたり，パズルのようなからくりを緻密に考えたり，考え直したり，思考錯誤してみてください．「わからない」が「わかる」への出発点です．—「わからない」から「わかる」へ — このプロセスを，難しいパズルでも解くかのように楽しんでください．

本書の執筆に際して，共立出版の赤城 圭さん，大越隆道さんに大変お世話になりました．岡田知正さんに素敵なイラストを描いていただきました．図版では加藤文明社のスタッフの皆さんにお世話になりました．皆様に感謝いたします．

最後に，本書が線形代数，ひいては現代数学の世界を拡げるきっかけになれば幸いです．

2012 年 2 月

著者しるす

数学でよく使われる（独特な？）用語集

「任意の○○に対して，…」「どの○○でも，…をみたす」，あるいは「各○○は…をみたす」ということ．「どれでも」という意味．英語の「For an arbitrary ○○, …」を訳した感じ．

「適当な○○…」「適切な○○」という意味．数学の慣用語であって，「いい加減」に考えてはいけない．

「ある○○が存在して，…」「…をみたす○○が存在する」ということ．英語の「there exists ○○ such that ...」を前から訳した感じ．

「○○が存在して，××をみたす．」上の典型的例文．

「非負（ひふ）整数」0 以上の整数．「非負実数」は 0 以上の実数のこと．

「非零（ひれい）」零でないこと．「零」の意味は数の 0 や零行列 O など文脈による．

「高々（たかだか）」数の上限を表わす．例えば「高々 3」とは「3 以下」のこと．「たかが」のニュアンスは全くない．

「同値（どうち）」同じ意味のこと．「P と Q は同値である」とは，「P ならば Q であり，逆に Q ならば P である」ことを意味する．

「$P \Longleftrightarrow Q$」「命題 P と Q は同値である」ことを表す．

「一意性，一意的」存在や表示が一通りしかないこと．

「一対一（対応）」2 つの集合において，一方の集合の元を他方の集合にもれなく，かつ，重複なく，1 つずつ割り当てる対応のこと．

「特徴付け」概念を特徴付けること．文脈中では，「特徴付け」を「言い換え」とも言い換えられる．

「元（げん）（要素（ようそ））」集合を構成するもの（対象）．

「X の元 x」集合 X に含まれる元 x のこと（「の」の意味を誤解しないこと）．元が含まれる記号 $\in$ を用いて「$x \in X$」と表すこともある．

「$\therefore$（したがって）」「したがって」を表す記号．

「$\because$（なぜならば）」「なぜならば」を表す記号．

「記号を混ぜた言い方」「X を集合とする」という代わりに，短かく「集合 X」とまとめることがよくある．

できるかな？ 演習問題の解答

第 2 章（15 ページ）

(1) 基本変形を用いて，拡大係数行列（係数と定数項を並べた行列）を既約行階段形に変形します．（基本変形の指示は上から順に実行します．）

① $\begin{bmatrix} 2 & -3 & 1 & -5 \\ -1 & 1 & -1 & 0 \\ 3 & -4 & 3 & -2 \end{bmatrix} \xrightarrow[\text{3 行に 2 行の 3 倍を足す}]{\text{1 行に 2 行の 2 倍を足す}} \begin{bmatrix} 0 & -1 & -1 & -5 \\ -1 & 1 & -1 & 0 \\ 0 & -1 & 0 & -2 \end{bmatrix}$

$\xrightarrow[\text{2 行から 3 行を引く}]{\text{1 行と 2 行を交換する}} \begin{bmatrix} -1 & 1 & -1 & 0 \\ 0 & 0 & -1 & -3 \\ 0 & -1 & 0 & -2 \end{bmatrix} \xrightarrow[\text{1 行から 3 行を引く}]{\text{2 行と 3 行を交換する}} \begin{bmatrix} -1 & 1 & 0 & 3 \\ 0 & -1 & 0 & -2 \\ 0 & 0 & -1 & -3 \end{bmatrix}$

$\xrightarrow[\text{すべての行を}-1\text{ 倍する}]{\text{1 行に 2 行を足す}} \begin{bmatrix} 1 & 0 & 0 & -1 \\ 0 & 1 & 0 & 2 \\ 0 & 0 & 1 & 3 \end{bmatrix}$ したがって解は $\begin{bmatrix} x \\ y \\ z \end{bmatrix} = \begin{bmatrix} -1 \\ 2 \\ 3 \end{bmatrix}$ である．

② $\begin{bmatrix} 2 & -3 & 5 & 8 \\ -1 & 1 & -2 & -3 \\ 3 & -4 & 7 & 11 \end{bmatrix} \xrightarrow[\text{3 行に 1 行の 3 倍を足す}]{\text{1 行に 2 行の 2 倍を足す}} \begin{bmatrix} 0 & -1 & 1 & 2 \\ -1 & 1 & -2 & -3 \\ 0 & -1 & 1 & 2 \end{bmatrix}$

$\xrightarrow[\text{3 行から 2 行を引く}]{\text{1 行と 2 行を交換する}} \begin{bmatrix} -1 & 1 & -2 & -3 \\ 0 & -1 & 1 & 2 \\ 0 & 0 & 0 & 0 \end{bmatrix} \xrightarrow[\text{すべての行を}-1\text{ 倍する}]{\text{1 行に 2 行を足す}} \begin{bmatrix} 1 & 0 & 1 & 1 \\ 0 & 1 & -1 & -2 \\ 0 & 0 & 0 & 0 \end{bmatrix}$

したがって解は $\begin{bmatrix} x \\ y \\ z \end{bmatrix} = \begin{bmatrix} 1 \\ -2 \\ 0 \end{bmatrix} + \alpha \begin{bmatrix} -1 \\ 1 \\ 1 \end{bmatrix}$ （α は任意の数）である．

(2) 拡大係数行列と係数行列の階数が等しくなる a を求めます．拡大係数行列 $\begin{bmatrix} 2 & 0 & 2 & -2 \\ 5 & -1 & 6 & -6 \\ -2 & -1 & -1 & a \end{bmatrix}$ を行に関する基本変形で，$\begin{bmatrix} 1 & 0 & 1 & a-2 \\ 0 & 1 & -1 & -a+2 \\ 0 & 0 & 0 & 2a-2 \end{bmatrix}$ と変形できる．したがって解が存在するには $2a-2=0$ でなければいけない．よって $a=1$ である．

(3) 例えば行に関する基本変形で行階段形に変形してかなめを数えます．

$\begin{bmatrix} -2 & 1 & -1 & 3 \\ -1 & 0 & -2 & 1 \\ 3 & -1 & 3 & -4 \end{bmatrix} \xrightarrow[\text{3 行に 2 行の 3 倍を足す}]{\text{1 行から 2 行の 2 倍を引く}} \begin{bmatrix} 0 & 1 & 3 & 1 \\ -1 & 0 & -2 & 1 \\ 0 & -1 & -3 & -1 \end{bmatrix}$

$\xrightarrow[\text{3 行に 2 行を足す}]{\text{1 行と 2 行を交換する}} \begin{bmatrix} -1 & 0 & -2 & 1 \\ 0 & 1 & 3 & 1 \\ 0 & 0 & 0 & 0 \end{bmatrix}$．したがって階数は 2 である．

第 3 章（25 ページ）

サラスの公式を利用して計算します．

(1) $\det \begin{bmatrix} x & -1 & 0 \\ 0 & x & -1 \\ c & b & a \end{bmatrix} = ax^2 + c - (-bx) = ax^2 + bx + c.$

(2) $\det \begin{bmatrix} 2a & b & 0 \\ 0 & 2a & b \\ a & b & c \end{bmatrix} = 4a^2c + ab^2 - 2ab^2 = 4a^2c - ab^2 = a(4ac - b^2).$

第 4 章（42 ページ）

（計算によって，対応する 2 つの等式 $|zw| = |z||w|$ と $\det AB = \det A \det B$ を確認します．）

（1） $|(a+bi)(c+di)| = |ac-bd+(ad+bc)i| = \sqrt{(ac-bd)^2+(ad+bc)^2}$
$= \sqrt{a^2c^2+b^2d^2+a^2d^2+b^2c^2} \quad (= \sqrt{(a^2+b^2)(c^2+d^2)})$.

（2） $\det \begin{bmatrix} a & -b \\ b & a \end{bmatrix} \begin{bmatrix} c & -d \\ d & c \end{bmatrix} = \det \begin{bmatrix} ac-bd & -ad-bc \\ bc+ad & -bd+ac \end{bmatrix}$
$= (ac-bd)(-bd+ac)-(-ad-bc)(bc+ad) = (ac-bd)^2+(ad+bc)^2 = a^2c^2+b^2d^2+a^2d^2+b^2c^2 (= (a^2+b^2)(c^2+d^2))$.

第 5 章（59 ページ）

(1) $x+2y-z=0$ の解 $\begin{bmatrix} a \\ b \\ c \end{bmatrix}$ は $z = x+2y$ より，

$$\begin{bmatrix} a \\ b \\ c \end{bmatrix} = \begin{bmatrix} a \\ b \\ a+2b \end{bmatrix} = a\begin{bmatrix} 1 \\ 0 \\ 1 \end{bmatrix} + b\begin{bmatrix} 0 \\ 1 \\ 2 \end{bmatrix}$$

と表される．$\boldsymbol{a} = \begin{bmatrix} 1 \\ 0 \\ 1 \end{bmatrix}, \boldsymbol{b} = \begin{bmatrix} 0 \\ 1 \\ 2 \end{bmatrix}$ は 1 次独立なので，$\boldsymbol{a}, \boldsymbol{b}$ はこの部分空間の基底である．

(2)（ベクトルの生成する部分空間の次元はベクトルを並べた行列の階数に等しくなります．階数を求めて解答します．）

問題の部分空間を生成するベクトルを並べた行列 $\begin{bmatrix} -5 & 1 & -11 & 6 \\ -1 & 0 & -2 & 1 \\ 2 & -2 & 6 & -4 \end{bmatrix}$ の階数は 2 である．したがってこの列ベクトルが生成する部分空間の次元は 2 である．

第 6 章（76 ページ）

(1)（核の基底は，連立方程式 $A\boldsymbol{x} = \boldsymbol{o}$ の解を求めます．解の表示においてパラメータを掛けたベクトルが核の基底になります．像の基底は，A の行階段形のかなめから求められます．）

A の既約行階段形を求めると $\begin{bmatrix} 1 & 0 & 2 \\ 0 & 1 & 1 \\ 0 & 0 & 0 \end{bmatrix}$ である．よって，核の基底は (連立方程式のパラメータを掛ける解であり) $\begin{bmatrix} -2 \\ -1 \\ 1 \end{bmatrix}$ で与えられ，像の基底は $\begin{bmatrix} -5 \\ -1 \\ 2 \end{bmatrix}, \begin{bmatrix} 1 \\ 0 \\ -2 \end{bmatrix}$ で与えられる．

(2)（像の次元は B の階数に等しく，核の次元は次元定理より $3 - \operatorname{rank} B$ に等しいです．）

B の階数を求めると 2 である．よって $\mathrm{Im}\,f$ の次元は 2，$\mathrm{Ker}\,f$ の次元は $3-2=1$ である．

第 7 章（89 ページ）

(1)（基底の変換行列は行列方程式 $[\boldsymbol{a}\ \boldsymbol{b}]X = [\boldsymbol{c}\ \boldsymbol{d}]$ の解です．よって連立方程式のように拡大係数行列 $[\boldsymbol{a}\ \boldsymbol{b}\ \boldsymbol{c}\ \boldsymbol{d}]$ の既約行階段形から求まります．）
$\begin{bmatrix}1 & 1 & 3 & 5\\ 0 & -1 & -1 & -2\\ 1 & 2 & 4 & 7\end{bmatrix}$ の既約行階段形は $\begin{bmatrix}1 & 0 & \underline{2} & \underline{3}\\ 0 & 1 & \underline{1} & \underline{2}\\ 0 & 0 & 0 & 0\end{bmatrix}$ である．よって $\begin{bmatrix}2 & 3\\ 1 & 2\end{bmatrix}$（下線の行列）が基底の変換行列である．

(2)（一般に，基底の変換行列 P によって，線形変換を表す表現行列 A は $P^{-1}AP$ に変換されます．問題の正方行列 A は $\begin{bmatrix}1\\ 0\end{bmatrix}, \begin{bmatrix}0\\ 1\end{bmatrix}$ に関する表現行列であり，この基底から $\boldsymbol{a}, \boldsymbol{b}$ への基底の変換行列は $[\boldsymbol{a}\ \ \boldsymbol{b}]$ になります．したがって，求める表現行列は $[\boldsymbol{a}\ \ \boldsymbol{b}]^{-1}A[\boldsymbol{a}\ \ \boldsymbol{b}]$ になります．）

$$\begin{bmatrix}1 & -1\\ -1 & 2\end{bmatrix}^{-1}\begin{bmatrix}-4 & -3\\ 6 & 5\end{bmatrix}\begin{bmatrix}1 & -1\\ -1 & 2\end{bmatrix} = \begin{bmatrix}2 & 1\\ 1 & 1\end{bmatrix}\begin{bmatrix}-4 & -3\\ 6 & 5\end{bmatrix}\begin{bmatrix}1 & -1\\ -1 & 2\end{bmatrix}$$

$= \begin{bmatrix}-1 & 0\\ 0 & 2\end{bmatrix}$ より $\begin{bmatrix}-1 & 0\\ 0 & 2\end{bmatrix}$ が答えである．

第 8 章（99 ページ）

（固有値，固有ベクトルを計算して求めます．）

(1) $\det\begin{bmatrix}5-\lambda & 3\\ -6 & -4-\lambda\end{bmatrix} = (5-\lambda)(-4-\lambda)+18 = \lambda^2-\lambda-2 = (\lambda-2)(\lambda+1) = 0$ より，固有値は $\lambda = -1, 2$ である．それぞれに対して固有ベクトルを（1 つずつ）求めると，（固有値 -1）$\begin{bmatrix}1\\ -2\end{bmatrix}$，（固有値 2）$\begin{bmatrix}1\\ -1\end{bmatrix}$ である．よって

$$\begin{bmatrix}5 & 3\\ -6 & -4\end{bmatrix}^n = \begin{bmatrix}1 & 1\\ -2 & -1\end{bmatrix}\begin{bmatrix}(-1)^n & 0\\ 0 & 2^n\end{bmatrix}\begin{bmatrix}1 & 1\\ -2 & -1\end{bmatrix}^{-1}$$

$$= \begin{bmatrix}(-1)^{n+1}+2^{n+1} & (-1)^{n+1}+2^n\\ 2(-1)^n-2^{n+1} & 2(-1)^n-2^n\end{bmatrix}$$

(2) $\det\begin{bmatrix}2-\lambda & -1\\ 9 & -4-\lambda\end{bmatrix} = (2-\lambda)(-4-\lambda)+9 = \lambda^2+2\lambda+1 = (\lambda+1)^2 = 0$ より固有値は -1（2 重）である．そこで $\begin{bmatrix}2-(-1) & -1\\ 9 & -4-(-1)\end{bmatrix}\begin{bmatrix}0\\ 1\end{bmatrix} = \begin{bmatrix}-1\\ -3\end{bmatrix}$ より，$\begin{bmatrix}2 & -1\\ 9 & -4\end{bmatrix}^n = \begin{bmatrix}-1 & 0\\ -3 & 1\end{bmatrix}\begin{bmatrix}(-1)^n & n(-1)^{n-1}\\ 0 & (-1)^n\end{bmatrix}\begin{bmatrix}-1 & 0\\ -3 & 1\end{bmatrix}^{-1}$

$$= \begin{bmatrix}(-1)^n+3n(-1)^{n-1} & n(-1)^n\\ 9n(-1)^{n-1} & (-1)^n+3n(-1)^n\end{bmatrix}.$$

第 9 章（109 ページ）

(1) 特性多項式は $\lambda^2 - \lambda - 2 = (\lambda - 2)(\lambda + 1)$ である．その根を用いて一般項は $\alpha 2^n + \beta(-1)^n$（α, β は数）と表される．

(2) 特性多項式は $\lambda^2 + 2\lambda + 1 = (\lambda + 1)^2$ である．その根 -1 は重根なので，一般項は $(\alpha + \beta n)(-1)^n$（α, β は数）と表される．

第 10 章（131 ページ）

(1) $\det \begin{bmatrix} 2-\lambda & 1 \\ 1 & 2-\lambda \end{bmatrix} = (2-\lambda)(2-\lambda) - 1 = \lambda^2 - 4\lambda + 3 = (\lambda - 3)(\lambda - 1)$ より，固有値は $\lambda = 1, 3$ である．したがって固有ベクトルを求め，長さを 1 にすれば $\frac{1}{\sqrt{2}}\begin{bmatrix} 1 \\ -1 \end{bmatrix}, \frac{1}{\sqrt{2}}\begin{bmatrix} 1 \\ 1 \end{bmatrix}$.

(2) $\det \begin{bmatrix} 1-\lambda & -1 \\ 1 & 1-\lambda \end{bmatrix} = (1-\lambda)(1-\lambda) + 1 = \lambda^2 - 2\lambda + 2 = 0$ より，固有値は $\lambda = 1 \pm \sqrt{-1} = 1 \pm i$ である．したがって固有ベクトルを求め，長さを 1 にすれば $\frac{1}{\sqrt{2}}\begin{bmatrix} 1 \\ -i \end{bmatrix}, \frac{1}{\sqrt{2}}\begin{bmatrix} 1 \\ i \end{bmatrix}$.

第 11 章（145 ページ）

（本文で説明した表 1（行列式，トレース，定数 p）を利用します．）

(1) $\det \begin{bmatrix} 2 & -2 \\ -2 & 3 \end{bmatrix} = 6 - 4 = 2 > 0$ であり，トレースは 5，定数項は 1 でともに正である．したがって楕円を表す．

(2) $\det \begin{bmatrix} 1 & -2 \\ -2 & 3 \end{bmatrix} = 3 - 4 = -1 < 0$ であり，定数項は 0 でないので，双曲線を表す．

第 12 章（165 ページ）

(1) 略(定義より，1 次式 $f(x) = ax+b, g(x) = cx+d$ に対して，$\langle f(x), g(x) \rangle = bd + (a+b)(c+d) = ac + ad + bc + 2bd = a(c+d) + b(c+2d) = c(a+b) + d(a+2b)$ である．内積の定義を確かめればよい．)

(2) $x - \frac{\langle x,1 \rangle}{\langle 1,1 \rangle} 1 = x - \frac{1}{2}$ より $\frac{1}{\sqrt{2}}, \sqrt{2}(x - \frac{1}{2})$ である．

索 引

〈著者紹介〉

梶原　健（かじわら　たけし）

現　在　横浜国立大学大学院工学研究院准教授
博士（数理科学）

専　攻　数学

著訳書　『代数曲線入門—はじめての代数幾何』（日本評論社，2004）
『ガロワ理論（上，下）』（翻訳，日本評論社，2008，2010）
『基礎からわかる！しっかりわかる!! 線形代数ゼミ』（ナツメ社，2010）
ほか

線形代数のコツ

The Secret to Linear Algebra

2012 年 2 月 25 日　初版 1 刷発行

検印廃止
NDC 411.3

ISBN 978-4-320-11020-5

著　者　梶原　健　©2012

発行者　南 條 光 章

発行所　**共立出版株式会社**
東京都文京区小日向 4 丁目 6 番 19 号
電話 (03) 3947-2511（代表）
郵便番号 112-8700
振替口座 00110-2-57035 番
URL http://www.kyoritsu-pub.co.jp/

印　刷　加藤文明社

製　本　協栄製本

社団法人
自然科学書協会
会員

Printed in Japan